職人精選 手工皮革包

皮革與不同質料結合的特製包款

飛天手作

目錄

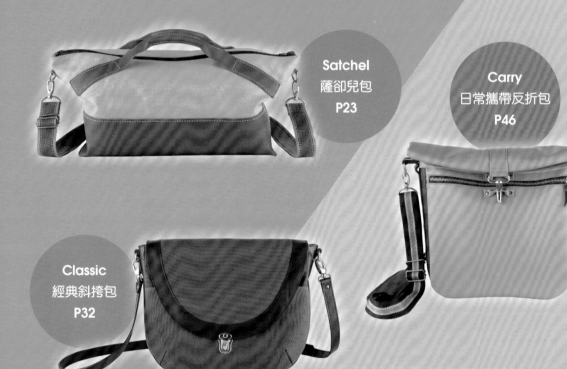

Part 1
牛皮×帆布

Part 2
牛皮×仿皮布／牛皮×羊皮

CONTENTS

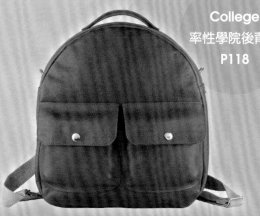

Part 3
牛皮／牛皮×防水布

繼上一本個人著作【職人手作包】一書後，我和我的手作包，大多圍繞著皮革打轉。

從拼布包、棉麻包、防水布包、帆布包到皮革包，這一段演變進程，經年累月，奧妙無窮，每個階段都有新發現和新想法。

想當時進化至皮革包設計應用，那悸動就像是發現了新大陸，別有一番新氣象，也更沉溺於其中，享受製作的樂趣！

布作轉皮作，布包改皮包，在搭配組合和縫製技巧上的邏輯安排，常常必需歸零重啟，得從零開始思考。雖然跳脫舒適圈裡安於所習的布包思考模式是一大挑戰，但對鑽研包袋設計總感莫名滿足的我而言真是很enjoy呢（笑）！

這本書與以往的布包教做有很大不同。

從突破布作轉皮作的盲點開始，接受皮革的特殊性並練好皮件基本功，留意細節處理，練習手感手法，以達成一定的完成度（精緻度）為目標。

作品以異材質混搭為主，100%全真皮創作為輔，牛皮、羊皮、仿皮、植鞣革，一起來。手拿包、斜挎包、肩揹包、後背包，各式包款～

另外一個重點是，手縫機縫不分家，享受慢步調純手縫，偏愛速度感純機縫，或者，手縫機縫和諧運用在一起都OK！還有許許多多鉅細靡遺地實做步驟，記錄了我將手作布包和皮件工序相互結合的心得。

如果你和我一樣，喜歡手作包，喜歡自己的手作包質更好價更高，那麼你也會喜歡進化版的【職人精選手工皮革包】。

Part 1
牛皮╳帆布

耐用又廣泛被使用的帆布與皮革結合，色彩變化隨心所欲。

🅐 工具

強力膠、上膠片、滾輪、裁皮刀、輪刀、染料、圓錐（目打）、床面處理劑、床面刮板、磨緣棒、裁皮刀、橡膠槌、丸斬、美工刀、大理石、帆布、雙面膠帶、牛腳油、削邊器、半圓斬、長尾夾、尖嘴鉗、骨筆、白膠。

🅐 裁片

前表布A：裁43×32cm（含1cm縫份），一片
前表布B：裁43×32cm（含1cm縫份），一片
皮料C（下邊那一片）：裁83×4.5cm，一片，一端削薄1cm寬
本體袋蓋皮：裁24×15cm，一片
本體袋蓋裡側皮：粗裁24.5×6cm，一片
表皮底：依紙型，一片，周圍削薄0.7cm寬
前口袋皮：依紙型，一片，上下邊均削薄1.5cm寬，詳作法
前口袋袋蓋表_皮料：粗裁11.5×7cm，共二片
前口袋袋蓋裡_布料：粗裁11.5×7cm，共二片
四合釦墊片皮：4枚
四合釦遮蓋皮：2枚
鉚釘墊片皮：2枚
背帶皮條（使用厚2.5～3m原色植鞣革）：裁60×1.5cm，二條
短帶：依紙型裁剪，共二條。
背帶固定皮片：裁2.5×12cm，一片
提把皮：裁4.5×23cm，一條
提把裝飾皮條：裁1.5×20cm，一條
前裡布_防水布：裁43×36cm（含1cm縫份，一片）
後裡布_防水布：裁43×36cm（含1cm縫份，一片）
裡布底：依紙型裁剪，一片
旋轉釦皮片：裁5×2.5cm，一片
磁釦遮蓋皮：4枚

【以下依個人喜好製作】
內裡口袋布：共二片

配件

6×6mm鉚釘4組、8×6mm鉚釘8組、8×8mm鉚釘2組、四合釦×2組、寬2.5cm D型環×1個、 1.5cm皮帶扣×2個、磁釦×2組、旋轉釦×1組、提把棉繩長17cm。

特色重點：正面有兩個長形的袋蓋式口袋，方
　　　　　便收納手機，拿取方便；兩側用磁
　　　　　釦縮口，使外觀正式有型。
完成尺寸：寬27cm×高32.5cm×底寬14.5cm

取表裡各一片，於邊緣0.7cm的範圍內塗上
強力膠。 **01**

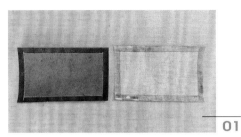

表裡反面相對對齊貼合，周圍仔細用滾輪壓
黏平整。 **02**

裁切成正確尺寸10.5×6cm。 **03**

U形邊壓車臨邊線。 **04**

Detail1 細節

05 0.7cm

起縫點位於袋蓋上邊入0.7cm處，止縫點亦
然，均需回針。

06

拉扯下線以便將上線拉出來至背面。

07

打結，用打火機燒熔線頭。

08

角落各斜切一刀。

09

也就是削去四個直角，如圖。

1.5cm

10

於袋蓋下邊入1.5cm中央位置釘上四合釦母釦。正面如圖。

11

反面如圖。

12

在毛邊塗抹染料進行染色。這裡使用的是比較黏稠的染料，以錐子來上色頗為方便。

13

染料乾了之後，再塗上床面處理劑來打磨潤飾。

14

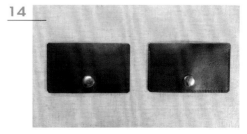

同法，共完成前口袋袋蓋二組。

（二）前口袋的製作

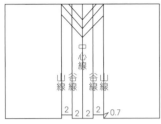

上下邊均先削薄1.5cm寬，再依圖解於下邊切出缺口。

01

上邊入2cm劃一道記號線。

02

記號線外薄塗強力膠。

03

然後往下折入1cm，壓平黏合。

04

05

壓車一道臨邊線。

06

折出山折。用槌子反覆輕敲或用滾輪壓滾使形成折痕。

07

同法，折好另一道山折。

08

接下來把二道谷折也折好。

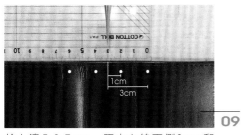

09

於上邊入0.7cm，距中心線兩側3cm和1cm處打四個鉚釘固定洞。

10

折子折好，以6×6mm鉚釘固定，如圖。

11

下邊折子處先用美工刀刀背刮粗欲黏著的皮面層。

12

塗上強力膠黏合固定。背面狀態如圖。

13

U形邊染色並以床面處理劑潤飾（同（一）12～（一）13）。
◆較薄皮革的毛邊打磨，為了好操作。建議將皮革放在大理石上方，貼著邊緣來進行，這裡用帆布來進行打磨的工作。

14

於上邊適當位置（上邊入2.5cm兩側入6cm）釘上四合釦公釦。

15

在背面加上墊片（自行裁剪一枚圓形皮片）一起釘合，有補強和增加厚度的效果。

16

上方再黏貼一枚稍大的皮片（自行裁剪並削薄）遮蓋住。以上，前口袋處理完成。

（三）前表布的製作

01

先於前表布下邊入1cm位置，畫一道記號線。

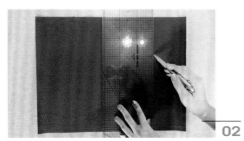

02

再由中點往左往右各12cm處分別往上畫一道16cm的垂直線。

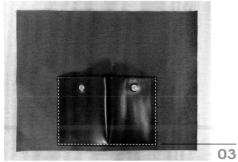

03

前口袋∪形邊和前表布上的∪形記號對齊，車縫臨邊線固定。

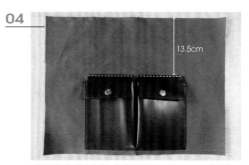

04

13.5cm

袋蓋上緣對齊前表布上邊入13.5cm處（注意和口袋垂直置中對齊），於袋蓋上邊車縫一道臨邊線固定。

（四）本體袋蓋的製作

01

於本體袋蓋下邊黏貼裡側皮，留意下緣對齊貼合。

02

翻到正面，裁切掉外露多餘的裡側皮。

03

1.5cm

∪形邊壓車臨邊線，留意，上端入1.5cm為起縫／止縫點。

04

先將四個角各斜切一小刀以削去直角。毛邊染色並打磨潤飾。以上，完成本體袋蓋。

（五）背帶固定皮片的製作

01

肉面層塗上強力膠，中間約1cm寬留空不塗。然後穿入寬2.5cm的D型環。

02

對折黏好。毛邊染色並打磨潤飾。

（六）後表布的製作

2.5cm

01

將步驟（五）的皮片車縫固定於後表布適當位置（皮片對折處對齊後表布上邊入2.5cm中央位置）。

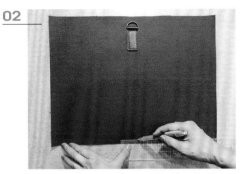

02

後表布下邊入1cm位置，畫一道記號線。

（七）本體表布的製作

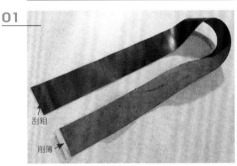

01

刮粗

削薄

皮料C一端削薄1cm寬，另一端於皮面層刮粗1cm寬。

02

兩端貼合。

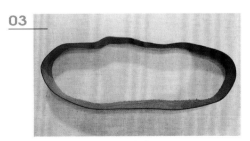

03

上邊一整圈做染色磨整處理。

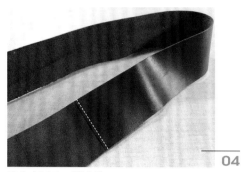

接合處壓車一道直線。

前後表布正面相對，車縫兩側。

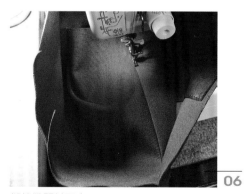

縫份攤開並壓車。

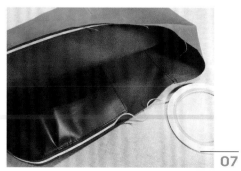

下邊貼上雙面膠帶一整圈，膠帶黏貼位置為記號線外約0.4cm。

皮料C上緣貼齊表布下邊的記號線，再壓車臨邊線一整圈。

（八）背帶的製作

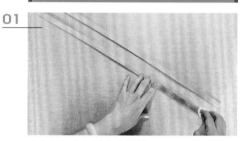

皮條正面均勻塗上牛腳油。

背面塗上床面處理劑，用床面刮板將粗糙面的纖維壓平。

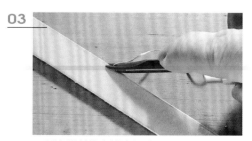

用削邊器削掉皮革邊緣（倒角）。

04

同法，背面也要削。

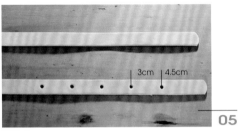

3cm | 4.5cm

05

頭尾兩端修圓。並在一端入4.5cm打第一個洞，再往前多打四個洞，洞與洞之間的間隔是3cm。

06

共完成二條背帶。

（九）短帶的製作

01

先將毛邊染色，扣針穿入洞也要染色。

02

肉面層塗上強力膠，中間約4cm寬留空不塗。穿入皮帶扣。

03

1cm

4cm

對折黏好；下邊入1cm和4cm處打鉚釘固定洞。

04

接下來壓車固定；完成打磨潤飾毛邊。

05

在扣針下方位置釘上6×6mm鉚釘固定，注意鉚釘的位置不可妨礙扣針的活動。

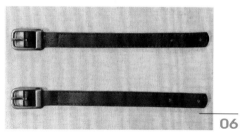

共完成兩組短帶。

（十）表袋身的製作

表皮底周圍削薄0.7cm寬，並依紙型標示位置打好鉚釘固定洞。

兩條短帶與表皮底釘合（8×6mm鉚釘）。

建議背面墊上補強墊片一起釘合。

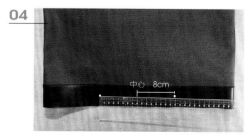

表袋身後側下邊打上鉚釘固定洞，位置為下邊入2cm，中線往左往右各8cm。

表皮底周圍貼上雙面膠帶。

表皮底和步驟（七）下邊正面相對，邊貼齊邊，合印記號對齊，準備縫合。為防止雙面膠帶脫落錯位，可用長尾夾來輔助固定。

注意，遇弧度邊或轉角，C要先剪牙口（牙口深度約0.3cm，間隔約0.5cm）。

將牙口撐開，便能順著弧度貼合，使車縫準確並容易進行。

08

開始車縫。

09

翻回正面。用手捏壓整理縫合的針腳。

10

再用滾輪加強壓平。至此，完成表袋身。

11

（十一）裡袋身的製作

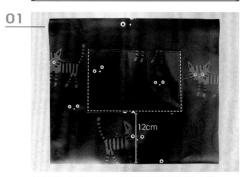

01

12cm

前後裡布各一片，依喜好縫製內裡口袋。

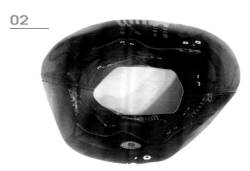

02

前後裡布正面相對，車縫兩側，縫份攤開並壓車。

03

下邊和裡布底正面相對縫合。

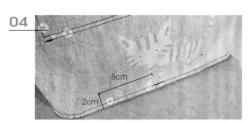

04

8cm

2cm

於後裡布下邊打上鉚釘固定洞，位置為下邊完成線往上2cm，中線往左往右各8cm（同表袋身後側下邊的鉚釘固定洞位置）。以上，完成裡袋身。

（十二）提把的製作

01

提把皮的肉面層塗上強力膠。

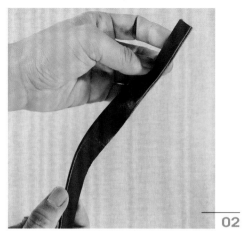

02

對折黏合。

03

除了對折邊之外的其它三邊壓車臨邊線，接著，毛邊染色、打磨、潤飾。

04

接下來處理裝飾皮條毛邊的染色打磨潤飾，再將皮條車縫固定於提把中央位置。

（十三）全體的組合

01

先處理旋轉釦皮片的毛邊染色打磨潤飾，中央處割開二道旋轉釦釦腳要插入的線洞。

02

將旋轉釦釦腳插入線洞。

03

套入墊片，兩隻腳往內折。可使用尖嘴鉗會比較好使力。

04

車縫固定旋轉釦皮片於後裡布上邊入3cm中央位置。上邊全部往下折1cm。

05

表袋上邊亦折入1cm。用骨筆輔助仔細壓折使折痕成形。

06

裡袋套入表袋（反面相對），沿著袋口縫合一圈，注意表裡折痕對齊。

07

短帶與表／裡袋身釘合固定。

08

於兩側適當位置裝置磁釦（以磁釦中心點為準，袋口往下3.5cm，距側邊中線4.5cm）。

◆表裡袋組合前先將磁釦裝置於表袋上，即可將磁釦裡側藏於內，無需再黏貼磁釦遮蓋片。

09

裡側黏貼圓形皮片。

10

本體袋蓋車縫二道直線固定於如圖所示位置（袋蓋車縫邊貼齊於袋身上邊往下1.5cm處，注意置中）。

11

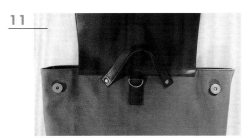

提把以8×6mm鉚釘固定於適當位置（鉚釘洞分別約為袋蓋兩側入6cm處），提把擺放時略為傾斜，如圖。

12

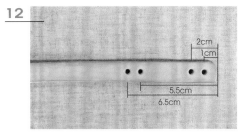

固定背帶。於背帶端打四個洞，位置為端入1cm、2cm、5.5cm和6.5cm。

13

穿入背帶固定皮上的D型環,以8×6mm鉚
釘釘合固定。

14

於正面袋口往下3cm中央處標記一中心點
記號。

15

取旋轉釦上釦的墊片,與標記的中心點對
齊,沿著內緣畫線。

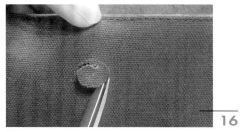

16

沿線剪開洞口。

17

塗上一圈白膠。

18

將上釦的兩隻腳插入剪開的洞裡。

19

裡側套上上釦的墊片之後,將兩隻腳往外扳
開壓平。

20

完成。

薩卻兒包 ✗ 皮革 ✗ 帆布結合 ✗

 Satchel

 工具

間距規、菱斬、膠板、橡膠槌、縫針、縫線、強力膠、上膠片、邊油、邊油筆（竹籤）、研磨片（砂紙）、骨筆、雙面膠帶。

 裁片

【以下尺寸已含縫份】

前表布／後表布：裁48×17cm，各一片

前裡布／後裡布：裁48×17cm，各一片

表皮底：依紙型，一片

側邊皮片：依紙型，共二片

持手：裁3.5×4cm，共二片

減壓帶前片：依紙型，一片

減壓帶後片：依紙型，一片

減壓帶內襯_榔皮或別皮：依減壓帶尺寸略縮小，一片

 配件

寬3cm D型環×2個（側邊皮片用）、塑膠管長約9cm×2條、拉鍊長50cm 1條、寬3cm 織帶長約130cm、寬3cm問號鉤×2個、寬3cm日型環×1個、寬3cm口型環×1個。

特色重點：少見的橫向長形包，別具特色，
用黃色帆布搭配亮眼又吸睛，
不論手提或側背都時尚好看。
完成尺寸：寬34cm×高23cm×底寬13cm

（一）表皮底的製作

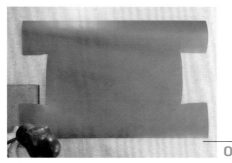

01

表皮底周圍先劃出寬0.4cm的縫線導引線；
接著，側邊鑿縫孔。

02

以交叉縫法接縫側邊。縫線約取10倍長。
首先，雙針分別穿入兩排的第一個縫孔。

03

接著，雙針再由裡穿出對向的縫孔。

04

取右針，斜向穿入對向的第二個縫孔。

05

取左針，斜向穿入對向的第二個縫孔。

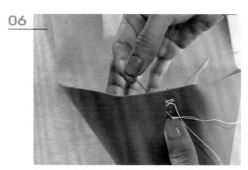

06

如圖，形成第一個交叉縫之後，繼續以相同
的順序往下進行交叉縫。

07

交叉縫完成（正面）。

08

交叉縫完成（反面）。

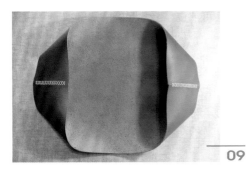

09

完成兩側的交叉縫。

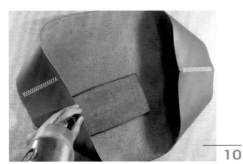

10

為了操作方便不礙手，表皮底上邊一整圈先鑿好縫孔。

11

接下來，縫合兩側底部。先上膠。

12

貼合。以槌子輕敲使黏牢。

13

劃出寬0.4cm的縫線導引線並鑿縫孔。

14

縫合。

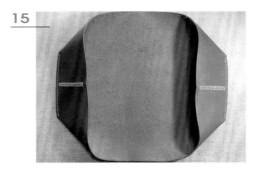

15

完成兩側底部的縫合。

16

上邊油。

表皮底的上邊一整圈也要上邊油。至此，完成表皮底的製作。

（二）側邊皮片的製作

note1 孔數和位置要對稱

劃出縫線導引線並鑿縫孔。

上邊油。

穿入寬3cm的D型環，兩端凵形邊／冂形邊上膠；對折後貼齊。共完成二組側邊皮片。

（三）持手的製作

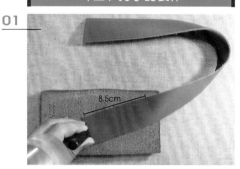

兩端8.5cm範圍劃出矩形的縫線導引線並鑿縫孔。

中央段兩邊約9cm長的範圍鑿縫孔。

於中央段中線處貼上塑膠管。

上膠，對折黏貼，縫合。作法可參照『全皮版秘書包P.108步驟07～13』的提把製作。

05

上邊油。

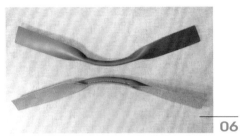

06

共需完成二條持手。

（四）表布的製作

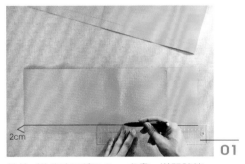

2cm

01

於前／後表布下邊入2cm處畫一道記號線。

02

下邊折入1cm，使用骨筆來壓整折痕。

03

前後表布正面相對，車縫兩側。

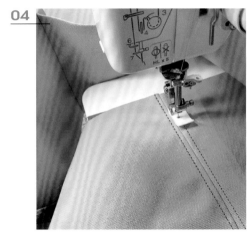

04

縫份攤開並在兩邊壓車。

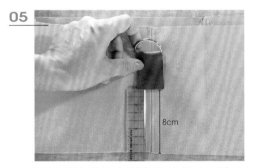

05

8cm

於兩側完成線上的指定位置（下邊入8cm）貼上側邊皮片。

06

縫合固定。以上，完成本體表布。

（五）裡布的製作

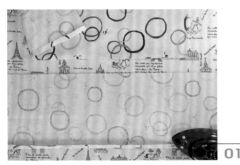

前／後裡布下邊折入1cm，以熨斗燙平。 **01**

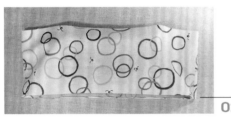

前後裡布正面相對，車縫兩側，縫份攤開並
壓車。以上，完成本體裡布。 **02**

（六）與拉鍊的組合

將拉鍊頭端如圖折黏好。 **01**

拉鍊正面朝下，以雙面膠帶固定於本體表布
上邊（拉鍊布邊與表布上緣貼齊）。 **02**

03

拉鍊頭端距本體表布側邊完成線約2cm。

04

拉鍊尾距另一側邊完成線約2cm左右往下
斜拉（順著角度往下拉即可）並別上珠針。

05

再套入本體裡布，形成本體表／裡布上邊夾
車拉鍊的狀態，縫合。

06

翻回正面，上邊壓車臨邊線。

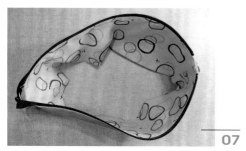

完成，俯視如圖。

（七）全體的組合

note2 僅縫合表布部份，
勿縫穿至裡布。

依前／後表布紙型標示位置縫上持手。

前後表布下邊折
痕對齊，壓車臨
邊線一整圈。

02

表布下邊入1cm處畫上記號線並上膠→表
皮底上邊縫孔外也上膠→貼合。

04

縫合。

05

至此，完成全體的組合。

（八）減壓帶和斜背帶的製作

01

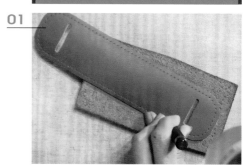

減壓帶前片周圍鑿縫孔。

02

減壓帶後片和內襯（這裡使用別皮）的肉面
層全面上膠，置中貼合。

30

前片的肉面層於周圍縫孔外上膠。

03

前後片貼齊。

04

縫合。

05

上邊油，準備織帶。

06

織帶如圖穿入減壓帶。

07

08

織帶端穿入問號鈎，折二折，車縫二道線固定。

09

日型

口型

另一端穿入日型環→穿入口型環→穿入另一個問號鈎再往回穿入口型環。

10

接著，穿繞日型環。

11

折二折，車縫二道線固定。完成。

經典斜挎包

✂ 帆布×皮革結合 ✂

 工具

邊油、邊油筆（竹籤）、研磨片（砂紙）、強力膠、上膠片、美工刀、拆線器、尖嘴鉗、間距規、菱斬、橡膠槌、丸斬、裁皮刀、菱錐、圓錐（目打）、雙面膠帶、鋸齒剪、膠板、半圓斬。

🖊 裁片

【以下尺寸已含縫份】

前表布：依紙型，一片

後表布：依紙型，一片

前口袋布：依紙型，一片，取布時直接以帆布布邊作為口袋口

（書包釦下插釦用）遮蔽皮片：裁3.5×4.5cm，一片

袋蓋布：一片，依紙型粗裁，即周圍外加約0.5～1cm

袋蓋外側皮：依紙型，一片

袋蓋裡：使用豬裡革，依紙型粗裁（即袋蓋外側皮不挖空），一片

表側邊：依紙型，共二片，上邊和二長邊削薄1cm寬

表底：裁11×20cm，一片，四周削薄1cm寬

拉鍊口布：裁29×5cm，共二片

前裡布：依紙型，一片

後裡布：依紙型，一片

側身裡布：依紙型，一片

前裡貼邊：依紙型，一片

後裡貼邊：依紙型，一片

側裡貼邊：依紙型，共二片

掛耳皮片：依紙型，共二片，背面貼豬裡皮

斜揹帶長帶：一條裁1.8×90cm，另一條粗裁約2.2×95cm

斜揹帶短帶：一條裁1.8×40cm，另一條粗裁約2.2×45cm

皮帶環：裁1×5cm

🖊 配件

書包釦×1組、開尾拉鍊長30cm×1條、寬2cm D型環×2個、8×6mm鉚釘×5組、8×8mm鉚釘×2組、皮帶環連接釘×1個、皮帶頭2cm×1組、寬2cm問號鉤×2個。

特色重點：袋蓋用皮革鑲嵌，更突顯質感，口袋袋底打角設計，增加內部置物空間。

完成尺寸：寬30cm×高24cm×底寬9cm

袋蓋外側皮的內緣先上邊油。 **01**

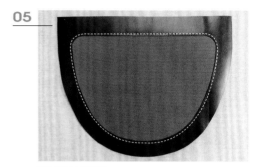

完成正面如圖。 **05**

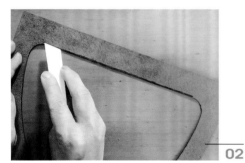

在內緣肉面層塗上0.3cm寬的強力膠。 **02**

翻到背面，袋蓋布上端兩角修圓。 **06**

袋蓋布完成線外也塗上0.3cm寬的強力膠。 **03**

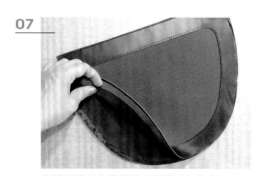

背面和粗裁的袋蓋裡（豬裡革）貼合。 **07**

二片仔細貼合，沿著內緣旁壓車臨邊線。 **04**

小心裁切掉多餘的豬裡革。 **08**

09

U形邊壓車臨邊線。外緣上邊油。

10

下邊中央處釘上書包鈕的上插鈕。至此，完成袋蓋。

（二）前口袋的製作

01

車縫夾角。

02

下邊兩側車縫夾角完成如圖（背面的狀態）。

03

擺上書包鈕墊片，墊片下緣距口袋布下邊6.5cm中央位置，標記出墊片的三道線洞。

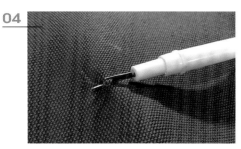

04

剪開線洞，示範使用的是拆線器。

05

將下插鈕插進戳開的線洞。

06

背面套上墊片，用尖嘴鉗將插腳往內折好壓緊。

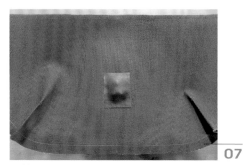

07

再蓋上3.5×4.5cm遮蔽皮片，黏貼固定。

03

依紙型標示打三個鉚釘固定洞。

（三）前表布的製作

8.5cm

01

將前口袋粗縫固定於前表布∪形邊。口袋口
兩端約落在前表布上邊入8.5cm處。

04

上邊油，共需完成二片掛耳。

（四）掛耳的製作

01

背面貼上豬裡皮，使用間距規劃出寬度
0.4cm的縫線導引線。

（五）表側身的製作

01

表底四周削薄1cm寬。

02

二齒菱斬鑿縫孔。

02

兩端上邊油。

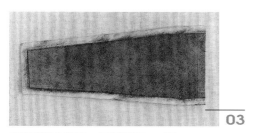

03

表側邊的上邊和二長邊削薄1cm寬。

04

下邊的皮面層刮粗1cm寬。

05

表底左端和表側邊貼合。

06

壓車一道直線固定。

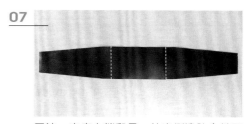

07

同法，表底右端和另一片表側邊貼合並壓車，成為表側身一整片。

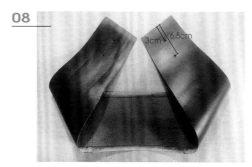

08

3cm　6.5cm

在兩端入3cm和6.5cm中央處打鉚釘固定洞。

09

將掛耳穿入D型環，以鉚釘（8×8mm & 8×6mm）固定於表側身。

10

開始手縫雙針縫。先在兩端的縫孔旁分別用圓錐鑿出一個洞。

11

在掛耳原本的縫孔上用菱錐再次刺入使貫穿表側邊。

12

從第一個縫孔入針後需往旁繞縫，以增加掛耳強度。

13

接著依照一般雙針縫進行。到最後一個縫孔時同樣地往旁繞縫。

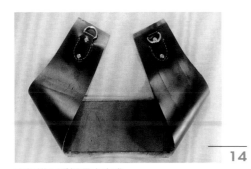

14

兩組掛耳手縫固定完成。

（六）拉鍊口布的製作

01

口布對折（一邊多出1cm），車縫兩端，車縫縫份1cm。

02

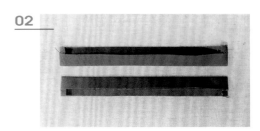

翻回正面。同法，共完成二片口布。

03

長30cm開尾拉鍊一條，拉鍊頭端布如圖折入黏好。

04

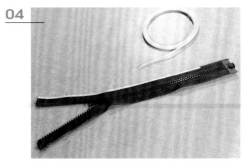

拉鍊布邊先黏貼雙面膠帶以便暫時固定口布。

將口布貼在拉鍊上，車縫固定。

同法，車縫第二片口布固定於拉鍊的另一邊。

（七）前／後裡布的製作：
前／後裡布可依喜好縫製口袋

拉鍊打開到底，取下滑楔，分開二片拉鍊口布。

前裡布和前裡貼邊正面相對，上邊對齊，夾車一片拉鍊口布（拉鍊口布正面朝上），車縫縫份1cm。

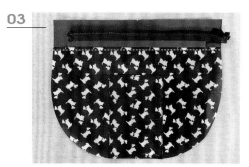

貼邊往上翻，縫份倒向下，在裡布上方壓車一道直線。

在口布上也壓車一道直線。

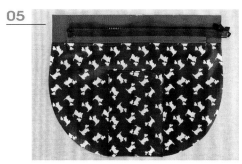

完成如圖。

同法，後裡布和後裡貼邊夾車另一片拉鍊口布並壓車。

（八）側身裡布的製作

01

側身裡布兩端分別與側裡貼邊正面相對縫合，車縫縫份1cm。

02

貼邊往上翻，縫份倒向下並壓車。

（九）裡袋身的製作

01

步驟（八）和前裡布∪形邊正面相對縫合，車縫縫份1cm。

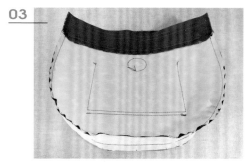

02

直線邊和弧度邊接合時，先在直線邊縫份上剪牙口。

03

同法，步驟（八）另一邊和後裡布∪形正面相對縫合。至此，完成裡袋身。

（十）表袋身的製作

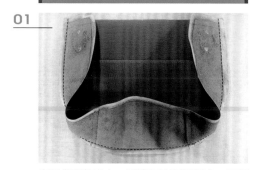

01

表側身和前表布∪形邊正面相對縫合，車縫縫份1cm。

02

遇弧度邊或轉角時，側身要先剪牙口，以便
撐開牙口對齊弧度邊來進行車縫。

03

同法，側身表皮另一邊和後表布ㄩ形邊正面
相對縫合。

（十一）全體的組合

01

以鋸齒剪修剪表袋身ㄩ形邊的縫份，使縫份
約留0.5cm即可，小心不要剪到縫線。

02

袋口縫份往內折入1cm。皮革部份塗上強
力膠再折黏，可用長尾夾加強固定使黏牢。

TIPS

03

側身兩邊近袋口處約1.5cm的縫份要先攤
開，用強力膠黏好壓平之後，再進行上邊縫
份折入的動作。處理完成的狀態如圖。

04

準備好裡袋身，作法同前。

05

表袋套入裡袋，
反面相對，袋口
折痕對齊，車縫
臨邊線一整圈。

06

車縫固定袋口整圈臨邊線完成。

07

於後表布上邊入2cm處畫一道記號線。

08

沿著記號線外塗上寬約0.3cm的強力膠。

09

袋蓋背面上邊塗上寬約0.3cm的強力膠。

10

對齊記號線，將袋蓋黏貼於後表布上。

11

壓車一道直線。

12

袋蓋固定
完成。

（十二）斜揹帶的製作

01

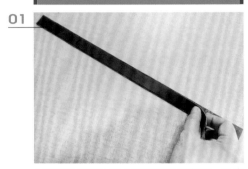

二條長帶的背面塗上強力膠之後對貼，注意
置中。

02

將兩側多餘的部份裁切掉。

03

兩端以半圓斬修圓。

04

周圍壓車臨邊線。

05

上邊油。

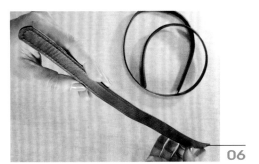

06

同法，製作短帶。

07

長帶一端套入問號鉤，以鉚釘固定。

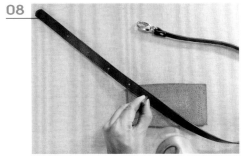

08

長帶另一端打五個調節洞（端入8cm打第一個洞，接下來每隔5cm再打四個洞）。

09

短帶一端依紙型標示割一道皮帶頭針柱穿入的長條孔。

10

套入皮帶頭，針柱穿入並調整好位置。

用鉚釘釘合固定。

準備皮帶環,上邊油。

14

將皮帶環圈起來,連接釘的另一腳則釘入皮帶環另一端,以尖嘴鉗夾緊。

15

調整一下皮帶環,將連接釘位置轉至空隙處隱藏。

16

長短帶組合成斜揹帶,完成。

將皮帶環穿入皮帶頭和鉚釘之間的空隙;皮帶環連接釘的一腳釘入皮帶環一端。

Part 2
牛皮╳仿皮布
牛皮╳羊皮

各種不同質料的皮革搭配，展現出剛中帶柔的獨特魅力。

📐 工具

雙面膠帶、強力膠、上膠片、丸斬。

📐 裁片

【以下尺寸已含縫份】

拉鍊擋布：粗裁4╳3cm，共四片

拉鍊口袋表布：依紙型，共二片

拉鍊口袋裡側布：依紙型，共二片

拉鍊口袋上邊布：29╳3cm，共二片

拉鍊口袋裡布：依紙型，共二片

側邊表布：依紙型，共二片

前／後口布：34.5╳16cm，共四片

鉤釦帶：6╳15cm，一片

鉤釦環：2.5╳8cm，共二片

前／後裡布：依紙型，共二片

側邊裡布：依紙型，共二片

減壓帶前片：同【薩卻兒包】減壓帶前片紙型，一片

減壓帶後片：同【薩卻兒包】減壓帶後片紙型，一片

減壓帶內襯_椰皮或別皮：同【薩卻兒包】減壓帶內襯紙型，一片

📐 配件

25cm拉鍊╳2條、寬3cm織帶需長約220cm、寬3cm三角鉤環╳2個、寬3cm問號鉤╳2個、鉚釘6╳6mm（鉤釦環用）╳4組寬3cm問號鉤╳2個、寬3cm日型環╳1個、寬3cm口型環╳1個。

特色重點：前後袋身各有一個拉鍊口袋，取物
收納更便利，袋口反折的設計，使
包款外觀更具特色與記憶點。
完成尺寸：寬27cm×高30cm×底寬8cm

（一）拉鍊口袋
（表前／後片）的製作

04

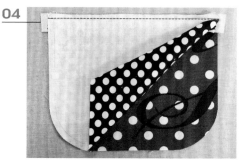

取拉鍊口袋表布和拉鍊口袋裡側布各一片，
二片正面相對，上邊對齊，夾車拉鍊。
◆注意拉鍊置中，拉鍊和拉鍊口袋表布呈正
面相對。

01

準備長25cm拉鍊一條，於拉鍊頭／尾端車
縫拉鍊擋布（拉鍊和擋布呈正面相對）。

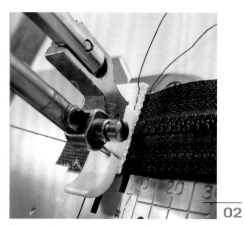

02

擋布翻回正面，壓車一道臨邊線。

05

裡側布翻至表布後面，沿拉鍊旁壓車臨邊
線。

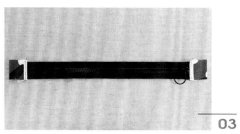

03

拉鍊兩端車縫固定擋布完成。

06

ㄩ形邊對齊粗縫固定。

07

拉鍊上邊與拉鍊口袋上邊布正面相對縫合。

08

上邊布往上翻,縫份倒向上,壓車一道直線。

09

將拉鍊口袋裡布置於後方。

10

周圍對齊並粗縫固定;修剪掉多餘的拉鍊擋布。以上,完成拉鍊口袋(即表前片)。

11

同法,完成第二組拉鍊口袋(即表後片)。

(二)側邊表布的製作

01

側邊表布二片正面相對,下邊縫合(車縫縫份1cm)。

02

縫份攤開並壓車,成為側邊表布一整片。

03

取寬3cm織帶長約86cm,車縫固定於側邊表布中線位置(車縫一長條矩形框)。

04

織帶端和側邊表布端的車縫狀態和位置如圖。

05

織帶端穿入三角鉤環，折三折收邊，車縫二道直線固定。以上，完成側邊表布。

（三）口布的製作

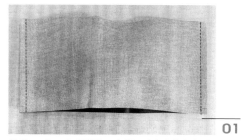

01

前後口布正面相對，車縫兩側（車縫縫份1cm）。

縫份攤開並壓車。

02

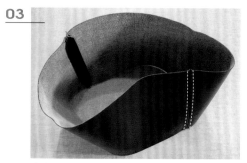

03

完成口布成一輪狀。

04

口布上邊入1.5cm的範圍內上膠。

05

再往下折貼約0.7cm。

06

共需完成二組，一組作為表口布，一組作為裡口布。

（四）鉤釦帶的製作
（和表口布組合）

01

鉤釦布反面上膠，兩長邊往中線併攏貼齊。

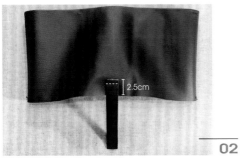

02

鉤釦布和表口布組合固定。鉤釦布正面朝下，對齊於表口布後片下邊入2.5cm中央處，車縫一道直線（車縫縫份0.5cm）。

03

鉤釦布另一端穿入問號鉤並折入，在中線位置貼上雙面膠帶。

04

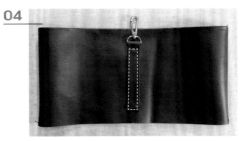

鉤釦布往上翻，車縫一矩形固定，如圖。

（五）鉤釦環的製作

01

參照鉤釦布作法，反面上膠兩長邊往中線併攏貼齊，中央處再對折，車縫固定。

02

共需完成二片鉤釦環。

（六）表袋身的製作

01

側邊表布和表前片凵形邊正面相對縫合（車縫縫份1cm）。

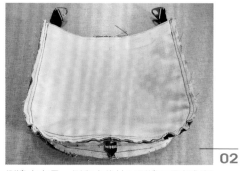

02

側邊表布另一側和表後片∪形邊正面相對縫合（車縫縫份1cm）。

03

全體翻回正面。

04

上邊套上步驟（四）的表口布，正面相對縫合（車縫縫份0.5cm）。

05

口布往上翻，在織帶端原本二道車縫線的下方，車縫一道直線使織帶與口布固定。

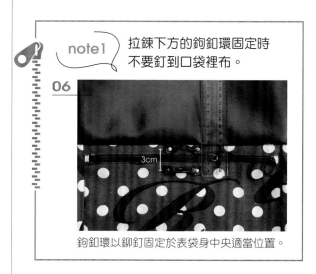

note1 拉鍊下方的鉤釦環固定時不要釘到口袋裡布。

06

3cm

鉤釦環以鉚釘固定於表袋身中央適當位置。

（七）裡袋身的製作

01

前裡布依喜好縫製內裡口袋。

02

後裡布依喜好縫製內裡口袋。

03

參考步驟（二）01～02製作側邊裡布。

04

側邊裡布和前／後裡布∪形邊正面相對縫合（車縫縫份1cm）。

參考步驟（六）04上邊接縫裡口布，完成裡袋身。

05

（八）全體的組合

01

裡袋身套進表袋身（反面相對），口布折痕對齊，壓車臨邊線一整圈。最後，參照【薩卻兒包】製作減壓帶和斜揹帶，完成。

打摺手腕包

✂ 仿麂皮✕皮革結合 ✂

Wristlet

🔶 工具

床面處理劑、磨緣棒、間距規、菱斬、膠板、橡膠槌、強力膠、上膠片、滾輪、圓錐（目打）、菱錐、縫針、縫線、研磨片（砂紙）、裁皮刀、雙面膠帶、熨斗、丸斬、長尾夾、美工刀。

🔶 裁片

【以下尺寸已含縫份】

前／後表布A：依紙型，共二片

前／後表皮B：依紙型，共二片

前／後裡布：依紙型，共二片

內裡口袋布：裁16✕11.5cm和16✕10.5cm各一片

拉鍊口皮片：裁18✕3cm，共四片

貼邊皮：依紙型，共二片

手腕帶：皮料粗裁2✕32cm，一條

掛耳皮片：裁1.5✕5cm，一片

拉鍊尾皮片：裁4.5✕3cm，一片

🔶 配件

長18cm開尾拉鍊✕1條、寬1.5cm D型環✕1個、小問號鈎✕1個、6✕6mm鉚釘✕1組。

特色重點：輕巧隨手拎，立式拉鍊口，外觀
摺襇處理，使包款不易扁塌。
完成尺寸：寬21cm×高15cm×底寬4cm

（一）拉鍊口皮片的製作

01

先磨整拉鍊口皮片下邊的毛邊。以指尖沾取適量床面處理劑塗抹於下邊切面。小心不要讓處理劑沾到皮面層，如果處理劑溢出至皮面層時要立即擦乾淨。

02

待處理劑半乾時，用磨緣棒仔細打磨拋光。

03

使用間距規劃出縫線導引線。將間距規寬度調整為0.3cm，並在皮片下邊拉出縫線位置。

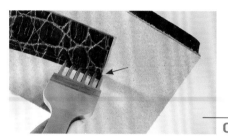

04

準備鑿縫孔。首先，將菱斬的第一齒貼在皮片右端外緣，其餘的齒則對準縫線導引線，如圖，輕壓以定出基點和間隔。

05

接著，菱斬往左移至第一孔位置。

06

開始鑿孔洞。務必保持菱斬垂直，用橡膠槌從正上方敲打，敲打的力度要拿捏好，太輕則縫孔無法貫穿，太用力則易造成縫孔太大不好看。

07

已鑿開縫孔的狀態。同法，共需處理四片。

08

取長18cm開尾拉鍊一條。於拉鍊頭端布（即上止外側）的反面塗上強力膠。

09

將拉鍊頭端布折入黏合。

10

接著，在折份上塗抹強力膠。

11

再對角折好黏好。

12

拉鍊準備完成，如圖。

13

以照片中目打所指的拉鍊布上的織紋作為對齊線。

14

在織紋對齊線外塗上0.2cm寬的強力膠。

15

取一片拉鍊口皮片，於打好的縫孔邊外塗上0.2cm寬的強力膠。

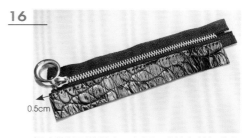

16

0.5cm

把皮片貼到拉鍊上。如圖，皮片左端超出拉鍊頭端約0.5cm，皮片縫孔外邊緣則是與拉鍊布上的織紋對齊線貼齊。

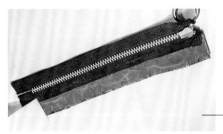

17

翻至反面,在皮片 ∪ 形邊塗上0.2cm寬的強力膠,在拉鍊布上的織紋對齊線外也塗上0.2cm寬的強力膠。

18

取另一片拉鍊口皮片,四周薄塗0.2cm寬的強力膠。

19

仔細對齊,小心貼合。

20

用滾輪壓緊黏合,正反面都要滾壓。

21

使用目打(圓錐)從正面的縫孔刺入以便鑽出背面的縫孔。注意,目打要垂直穿入。

22

反面縫孔刺穿完成的狀態。

23

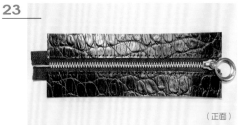

(正面)

同法,完成另二片拉鍊口皮片與拉鍊另一側的貼合和打洞。

24

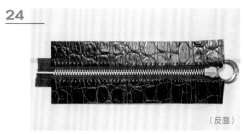

(反面)

完成的反面狀態如圖。

25

根據要縫製距離的長度，取約3.5～4倍長的縫線。

TIPS

Basic 1 雙針縫：穿線

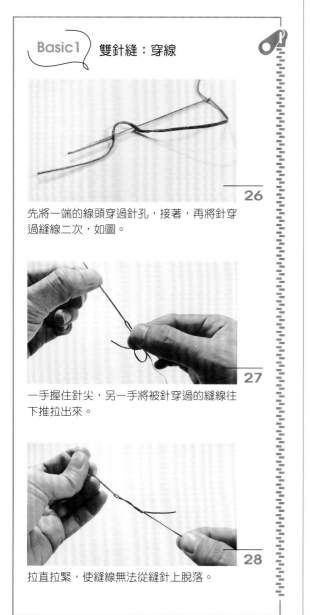

26

先將一端的線頭穿過針孔，接著，再將針穿過縫線二次，如圖。

27

一手握住針尖，另一手將被針穿過的縫線往下推拉出來。

28

拉直拉緊，使縫線無法從縫針上脫落。

29

縫線的另一端也以同法穿入另一支縫針。

30

進行雙針縫。

31

由點縫到點完成。

32

至此步驟時，先將拉鍊口皮片未縫合的三邊用砂紙磨平。

再用床面處理劑和磨緣棒磨邊拋光。

（二）準備前／後表皮B

下邊先打磨拋光。

下邊劃出縫線記號。

翻至反面，用目打在兩端入1.5cm處分別壓出一道線。

削薄此1.5cm範圍，削薄約原有厚度的一半。

前／後表皮B兩端削薄完成如圖。

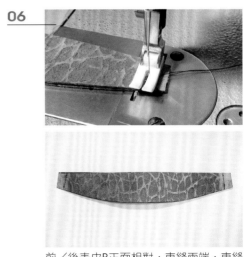

前／後表皮B正面相對，車縫兩端，車縫縫份為1cm。

縫合線外留約0.5cm的縫份即可，多餘的裁切掉。

08

接著，塗抹1cm寬的強力膠。

09

攤開縫份，用橡膠槌敲打壓黏。

10

至此，前／後表皮B接縫成輪狀完成。

11

縫合線兩旁先用二齒菱斬定出基點。

12

以此基點開始沿著表皮B上的縫線記號鑿出縫孔一整圈。

13

曲線的部份就用較容易轉彎的雙菱斬或單菱斬打孔。

（三）表袋身的製作

01

前／後表布A上邊依紙型標示打活褶並粗縫固定。

02

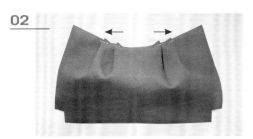

注意褶子的倒向，由正面看褶子是分別倒向兩側的。

03

由背面看狀態如圖。

04

在前／後表布A上邊入1cm處標記一道對齊線。

05

前／後表布A正面相對，下邊縫合。

06

以骨筆將縫份攤開並壓平。

07

壓車裝飾線並固定縫份。

08

正面相對對折，車縫左右兩側。

09

兩側底部打角車縫。

10

翻回正面，完成如圖。

11

在兩側上緣入4cm範圍內的縫份貼上雙面膠帶。

12

攤開縫份並壓黏好。建議用槌子輕敲,可以使縫份的厚度更扁平一些。

13

在表布A上邊標記好的對齊線外塗上強力膠。

14

在表皮B下邊反面也塗上0.2cm寬強力膠。

15

表皮B與表布A黏合。先對好前/後中心點。

16

再對好側邊中線。

17

然後再均等黏好。

18

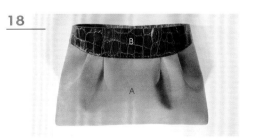

注意,表皮B的下緣要緊貼表布A上的對齊線。黏合完成如圖。

準備3.5～4倍長縫線進行雙針縫。較厚的縫份重疊處先用目打刺入縫孔使貫穿布料。

19

整圈縫合完成。

20

這裡縫線收尾是直接在裡側打結。

21

用打火機小心燒熔線結尾端。

22

23

緊接著壓平。化學纖維類的縫線可以用熱來熔化固定線頭，非化學纖維類的縫線則是用白膠來收尾固定。以上，完成表袋身的製作。

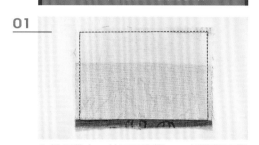

（四）內裡口袋的製作

01

內裡口袋布二片正面相對，冂形邊對齊縫合。

02

接下來要將口袋布翻回正面，同時處理轉角的縫份。大拇指伸進口袋布並頂住轉角處。

03

轉角的縫份如圖示折好，以食指按壓住。

04

先將角落的布料翻出來再全部翻回正面。轉角處的布料可以用目打稍作整理。

05

以熨斗整燙。

06

上邊壓車一道臨邊線。以上,完成內裡口袋備用。

（五）完成裡布一整片

1cm
3.5cm

01

內裡口袋正面朝下,車縫於後裡布適當位置（對齊位置為後裡布下邊往上3cm處）,車縫縫份1cm。

02

口袋布往上翻,下邊整燙。

03

除了口袋口外的三邊進行壓車縫合。

04

注意上邊兩端需斜角車縫一小段作為口袋口的補強。

05

至此,後裡布車縫貼式口袋完成。

06

準備貼邊皮二片。兩端分別削薄寬1.5cm，
削薄約原有厚度的一半。

07

取一片貼邊皮，和後裡布正面相對上邊對
齊，先用燕尾夾固定。

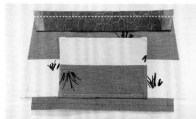

08

然後縫合，車縫縫份為1cm。

09

貼邊皮往上翻，縫份倒向下，以熨斗整燙接
縫處的布料。

10

壓車一道直線固定縫份。

11

完成貼邊＋後裡布。

12

同法，前裡布上邊接縫另一片貼邊皮並壓
車，完成貼邊＋前裡布。

13

二片正面相對，下邊縫合。

縫份燙開並壓
車。以上,完成
裡布一整片。

14

(六)
裡袋身的製作和拉鍊口皮片的組合

01

於拉鍊口皮片(反面)沒有縫線的兩長邊分
別劃出寬0.3cm的縫線導引線。

02

從右端開始。菱斬的第一齒貼在皮片端外
緣,先定出基點和間隔。

03

將菱斬往左移至第一孔位置,進行打孔。

04

鑿至結束前約10個縫孔處時停止,改成從
左端打孔。先定出基點,再微調剩餘縫孔的
距離,使縫孔間距能一致平均。

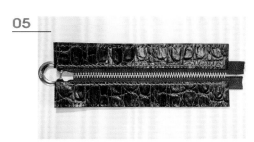

05

鑿開所有縫孔的狀態,如圖。

06

翻至正面,於縫孔外側貼上0.3cm寬雙面膠
帶。

07

撕掉雙面膠帶背紙,將皮片(正面朝下)貼
於後裡布的貼邊皮上方,如圖,留意置中對
齊。

08

拉鍊打開到底,取下滑楔,分開二片拉鍊口
布。

09

同法,以雙面膠帶將其貼在前裡布的貼邊皮
上。

10

使用菱錐謹慎地刺入拉鍊口皮片上的縫孔並
貫穿至底下的貼邊皮。

11

皮片兩端外於貼邊皮上以目打各再鑽一個縫
孔,以此作為起縫/收尾的縫孔。

12

開始縫合拉鍊口布和貼邊皮。因為兩端有段
差,所以要做繞縫。從第二個縫孔起針。

13

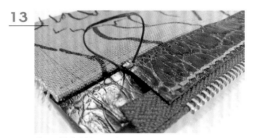

往段差處繞縫二次。

14

最末端也要繞縫二次才收尾。

15

完成縫合如圖。

16

往上對折，車縫左右兩側。

17

修剪貼邊皮下邊兩角以削減縫份厚度。

18

兩側底部打角車縫。

（七）掛耳的製作

01

兩端先削薄寬度1.5cm。

02

肉面層塗上強力膠，但中央約0.7cm寬的範圍不塗。

03

再穿入D型環，對折黏合。

（八）全體的組合

01

將裡袋身貼邊皮兩側的縫份攤開以強力膠黏貼固定。

02

用美工刀刀背把縫份皮面層上邊約0.5cm寬的範圍刮粗。

03

同法，（表袋身）表皮B兩側縫份皮面層上邊約0.5cm寬的範圍用美工刀刀背刮粗。

04

在表皮B上邊劃出寬0.3cm的縫線導引線。

05

接著鑿出縫孔。

06

掛耳下邊也要刮粗，範圍1.5cm寬。

07

刮粗的部份塗上強力膠。

08

表皮B上邊一整圈塗抹0.3cm寬的強力膠。

09

將掛耳貼於表皮B一側。

10

（裡袋身）貼邊皮上邊一整圈塗抹0.3cm寬的強力膠。

裡袋套入表袋內，反面相對，上邊仔細對齊
小心黏合。

開始進行雙針縫。這裡，必須用菱錐再次刺
入縫孔使貫穿裡側的貼邊皮，所以，一邊用
菱錐刺穿縫孔一邊縫合。

縫合一整圈完成。

裝回拉鍊滑楔。

表裡袋袋口邊緣用砂紙磨平。

再用床面處理劑和磨緣棒磨邊拋光。

（九）拉鍊尾皮片的處理

先用雙面膠帶將拉鍊尾布貼緊黏好，如圖。

將拉鍊尾皮片對折，鑿好三邊的縫孔。

打開皮片，在四邊和中央處塗抹強力膠。

03

皮片對折包覆住拉鍊尾布並縫合。

04

（十）手腕帶的製作

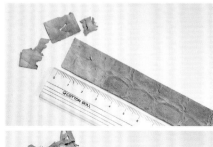

手腕帶兩端分別削薄寬3cm和寬1.5cm。

01

02

肉面層均勻塗上強力膠。

03

對折，邊貼齊邊。

04

用滾輪壓緊黏合。

05

於切面邊劃出寬0.3cm的縫線導引線。

06

一端入1.5cm處開始鑿縫孔。

07

至另一端入3cm處停止。

08

縫合。縫合完成時用滾輪壓一下使針目更緊實服貼。

09

打磨拋光。

10

在削薄寬度3cm的那一端,由端入1.5cm處的兩側,打出半圓形的凹洞。

11

穿入小問號鉤,如圖,卡進半圓形凹洞內。

12

以鉚釘釘固定,釘合狀態如圖。

13

手腕帶可以勾住掛耳上的D型環,完成。

完成尺寸：寬35cm×高31cm×底寬10.5cm

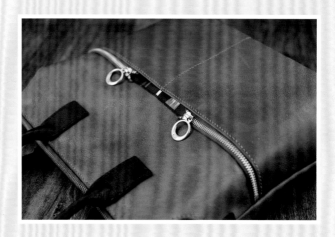

工具

裁皮刀、強力膠、上膠片、間距規、菱斬、膠板、橡膠槌、美工刀、雙面膠帶、縫針、縫線、滾輪、大理石、長尾夾、菱錐、研磨片（砂紙）、削邊器、染料、床面處理劑、磨邊蠟、帆布、圓錐（目打）、補強膠帶、菱鉗。

裁片

【以下尺寸已含縫份】

表前片A：依紙型，一片。
表前片B：裁41.5×18.5cm，一片。
前口袋：裁41.5×17.5cm，一片。
表後片：依紙型，一片。
表底：依紙型，一片。
表底貼榔皮：粗裁36.5×13cm，一片，詳作法。
提把：裁70×3.5cm，共二條
提把端補強皮片：粗裁4.5×7.5cm，共二片
裡前／後片C：依紙型，共二片。
裡前／後片D：裁41.5×18cm，共二片。
裡底：紙型同表底，一片。
拉鍊尾皮片：裁3×4cm，一片
側邊皮片：裁2×8cm，共二片

配件

拉鍊長15cm×2條、拉鍊長30cm×1條（不安裝下止）、提把蕊棉繩61cm×2條。

特色重點：
袋身有兩個拉鍊口袋，不
同款式的拉鍊呈現出不一
樣的感覺；兩側上方的洞
口設計，讓包款外觀更加
與眾不同。

（一）前口袋的製作

01

上邊削薄1.5cm寬。

02

接著，上膠→往下折入0.7cm黏固定。

03

翻至正面，劃出3mm的縫線導引線，打好縫孔。

04

翻回背面，將褶份上縫孔外刮粗，準備稍後黏貼拉鍊。

05

1cm 　　　　　　　　　　　1cm

兩側也要削薄，削薄1cm寬。

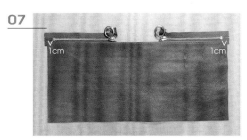

06

取15cm拉鍊二條，拉鍊頭端先折好。

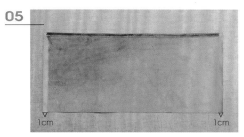

07

1cm 　　　　　　　　　　　1cm

將二條拉鍊黏貼於口袋口裡側，注意拉鍊下止的位置，約距口袋側1cm。

08

縫合固定。

以上，備好前口袋。

（二）本體前片的製作

1cm

1cm

表前片A兩側削薄1cm寬。

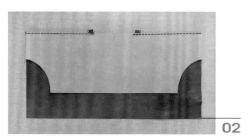

步驟（一）前口袋上邊和表前片A下邊正面相對，粗縫固定（可以僅粗縫拉鍊位置的部份）。

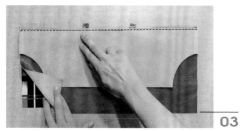

最下層放置表前片B（正面朝上），形成表前片B和表前片A一起夾車前口袋上邊。

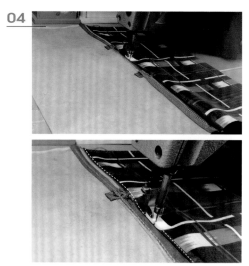

打開，縫份倒向B，壓車一道直線。

翻至正面，前口袋U形邊和表前片B順平並粗縫固定。

縫合口袋中線，將口袋分隔成兩格。

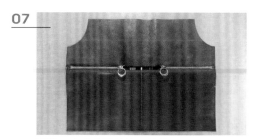

至此，完成本體前片一整片。

（三）表底的製作

牛郎皮

01

粗裁表底36.5×13cm一片，另裁相同大小的牛郎皮一片。將牛郎皮與表皮底貼合以增加包體底部的厚度和挺度。上膠和黏貼要分數次進行，以免動作太慢而強力膠揮發乾透不黏。

02

黏貼之後，整面用滾輪壓滾會更平整密合。

03

裁切成正確的尺寸。

04

1.3cm

反面邊緣入1.3cm劃出記號線。

05

記號線外削薄。

（四）表袋身的製作

01

表後片兩側削薄1cm寬。

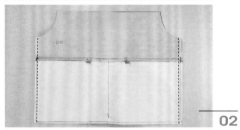

接著，和步驟（二）正面相對，車縫兩側，
車縫縫份0.7cm。

兩側上邊入約5cm範圍內的縫份處貼上雙
面膠帶，將縫份攤開黏好。

上邊劃出3mm的縫線導引線。

打好縫孔。至此，完成袋身本體。

表底周圍貼上雙面膠帶。

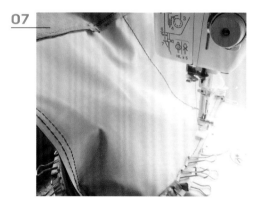

表底和袋身本體下邊正面相對縫合，車縫縫
份0.7cm。此部份的內接縫詳解可參考『好
文青後背包P.16-17』。

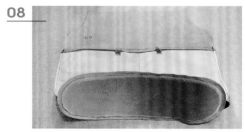

分兩次車縫會比較順手，先車縫左／或右半
邊（頭尾都需回針），完成之後，再進行另
半邊。

翻回正面。以上，完成表袋身。

（五）提把的製作

先在四周劃上縫線導引線並打好縫孔。
◆注意，兩邊／兩端的縫孔數務必對稱一致。

準備提把蕊棉繩，塗好強力膠；在提把的
肉面層中線部份也塗上強力膠，但頭尾各
4.5cm不上膠。

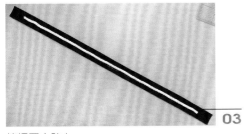

棉繩置中貼上。

於提把端補強皮片一端削薄約1cm寬。

將補強片黏貼於提把端如圖所示位置，補強
片削薄端是貼在靠棉繩那一邊。

壓緊使貼平黏牢。

補強片多餘的部份裁切掉。

翻至正面，在提把端的部份，用菱錐刺入先
前打好的縫孔並刺穿入補強皮片。

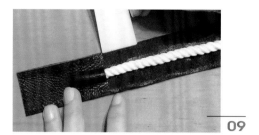

翻至背面，肉面層兩側縫孔外上膠。

接下來，對折黏合。

開始縫合，起針／結束處如圖。

縫合提把根部上方，從提把端入4.5cm開始。

縫到三角點時，縫針由這一側穿過至另一側。

繼續縫至另一側距提把端約4.5cm結束。

明顯的高低差可以用裁皮刀小心削平。

再用砂紙打磨。

接著，削邊器小心地修邊（倒角）。
17

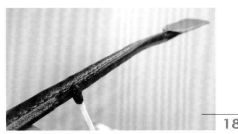

毛邊染色。
18

塗抹床面處理劑和磨邊蠟拋光。
19

共需完成二條提把。
20

（六）提把和表袋身組合

01
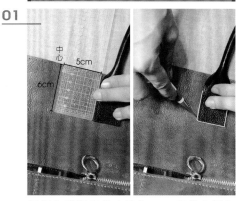

提把內側距表袋中線5cm；表袋上緣入6cm為提把端對齊的位置。用圓錐劃出黏貼範圍的記號線。

02

記號範圍內刮粗。

03

裡側肉面層相對應的位置則貼上補強膠帶。

04

提把內面的前端也要刮粗。

05

上膠。

06

對齊記號位置貼上提把。在提把端的部份，
用菱錐刺入縫孔並刺穿入表袋。

07

縫合。分兩次進行，先縫好提把的一
端，再處理另一端的黏貼與縫合。

提把和表袋身縫合完成。

08

（七）裡袋身的製作

01

裡前／後片C的兩側和下邊均削薄1cm寬。

02

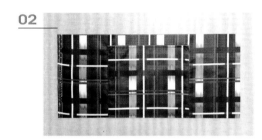

前／後裡布D依喜好縫製內裡口袋。

03

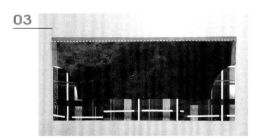

前裡布D上邊接縫裡前片C，車縫縫份
0.7cm。

04

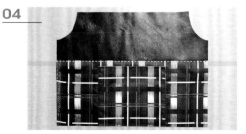

C往上翻，縫份倒向下，壓車一道直線。

05

同法，後裡布D接縫裡後片C並壓車。

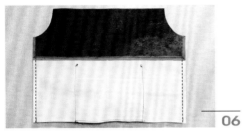

06

接下來縫製成裡袋身，作法可參考步驟（四），將（七）05和（七）06正面相對，車縫兩側，車縫縫份0.7cm。

07

下邊與裡布底正面相對縫合，車縫縫份0.7cm。至此，完成裡袋身。

（八）全體的組合

01

裡袋和表袋上緣3mm的範圍內先上膠，準備組合。將裡袋套入表袋，反面相對，上邊對齊，黏合。

02

依表袋上邊已經打好的縫孔，用菱斬再打一次，使鑿穿內裡皮。

03

不方便使用菱斬的地方，就用菱錐或菱鉗。

04

邊緣打磨。

05

削邊器修邊。

06

毛邊染色。

07

染色乾了之後，塗抹床面處理劑。

08

用帆布反覆磨擦拋光。

09

再擦上磨邊蠟。

10

同樣地，用帆布拋光。

（九）袋口和拉鍊

01

長30cm拉鍊一條（不安裝下止），拉鍊頭布先折好黏牢。

02

袋口裡側約0.7cm的範圍內刮粗。

03

上膠。

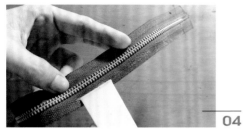

04

拉鍊也上膠，以拉鍊布上的織紋作為上膠和黏貼的界線。

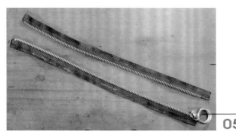

05

將拉鍊打開分開。

06

拉鍊貼於袋口裡側，拉鍊頭端的位置如圖。

07

另一邊的拉鍊也貼好。

08

縫合拉鍊和袋口一整圈。

09

縫上拉鍊尾皮片。

10

準備側邊皮片。側邊皮片縫孔位置為兩端2cm範圍的ㄇ形／ㄩ形邊。

11

縫上側邊皮片。完成。

完成尺寸：寬28cm×高27.5cm×底寬18cm

手提肩背夥伴包 ×牛皮×羊皮結合× Partner

🔹 工具

裁皮刀、紙膠帶、強力膠、上膠片、滾輪、填縫劑、邊油、邊油筆（竹籤）、研磨片（砂紙）、橡膠槌、圓錐（目打）、美工刀、雙面膠帶、半圓斬、丸斬、補強膠帶、一字斬、縫針、縫線。

🔹 裁片

【以下尺寸已含縫份】

前片：依紙型，一片

後片：依紙型，一片

外口袋：依紙型，共二片

外口袋袋蓋表：依紙型，共二片

外口袋袋蓋裡：共二片，依外口袋袋蓋表紙型粗裁，詳作法

前裡布：依紙型，一片

後裡布：依紙型，一片

前裡貼邊：依紙型，一片

後裡貼邊：依紙型，一片

袋口皮片（長）：裁2×26cm，共二片對貼

袋口皮片（短）：裁2×6cm，共二片對貼

提把連接片：裁2×9cm，共四片

長提把：2×55cm，共四片牛皮革，其中二條粗裁即可。需夾貼補強帶，詳作法

短提把：2×33cm，共四片羊皮革和兩片二榔皮

🔹 配件

隱形磁釦×2組、原子釦×1組、寬1.8cm補強帶（提把連接片用&長提把用）、2cm寬日型環×4個、8×8mm鉚釘×8組（提把用）、8×10cm鉚釘×8組（固定提把連接片於袋身用）。

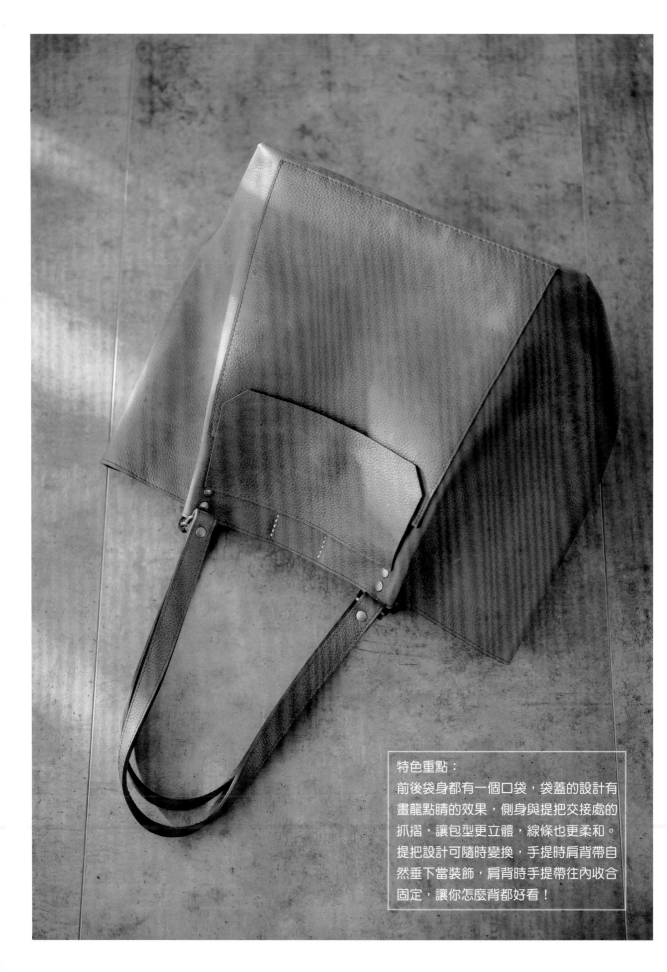

特色重點：
前後袋身都有一個口袋，袋蓋的設計有
畫龍點睛的效果，側身與提把交接處的
抓摺，讓包型更立體，線條也更柔和。
提把設計可隨時變換，手提時肩背帶自
然垂下當裝飾，肩背時手提帶往內收合
固定，讓你怎麼背都好看！

（一）外口袋袋蓋的製作

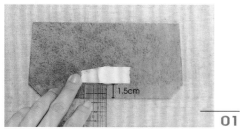

01

用紙膠帶將一枚隱形磁釦（要留意正負極）
貼在外口袋袋蓋表的肉面層中央適當位置，
約距下邊入1.5cm。

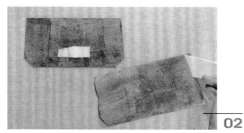

02

準備貼合袋蓋表和裡。先上膠，肉面層全面
均勻薄塗強力膠。

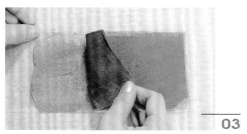

03

由右往左仔細貼平。

04

用滾輪壓滾使平整並加強黏合。

05

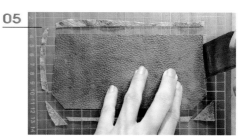

裁切掉周圍多餘的裡皮。

06

邊緣上邊油。

07

第一或二次的邊油乾後進行打磨，尤其要將
粗糙不平的部份磨過。

08

接著，再上邊油。重覆打磨上邊油的動作直
至光滑平整。

共需完成二組袋蓋。

（二）外口袋的製作

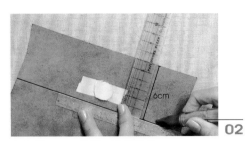

3.3cm

於肉面層上邊入約3.3cm中央位置，貼上
隱形磁釦（要留意正負極）。

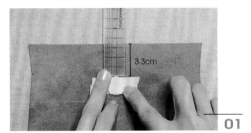

6cm

在上邊入6cm處畫一道記號線。

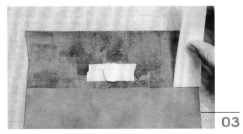

記號線外均勻薄塗強力膠。

上邊往下折與記號線齊，貼好。

折痕處正面和背面都用槌子輕敲過。

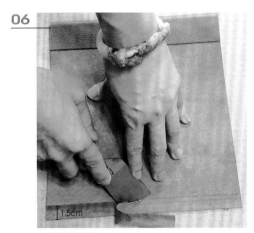

1.5cm

下邊削薄寬1.5cm。

兩側上邊油。同步驟（一）的作法，重覆打
磨上邊油。

08

在下邊削薄的範圍上膠。

09

然後往上折約0.7cm，貼好。共需完成二組外口袋。

（三）本體前／後片的製作

1.5cm

01

前片除了上邊之外，其它邊均需削薄，削薄寬約1.5cm。

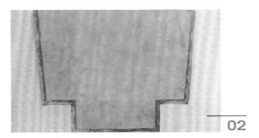

02

同法，後片削薄完成。

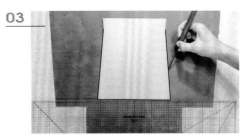

03

在前片劃出外口袋的位置。外口袋下緣距前片下邊約12cm，注意置中對齊。

04

要黏貼外口袋∪形邊的範圍先刮粗。

05

接著上膠，外口袋∪形邊（皮面層部份也要先刮粗）並上膠。

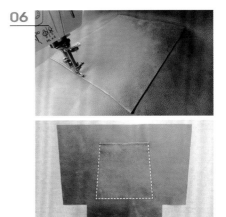

06

∪形邊壓車臨邊線固定。

07

車縫袋蓋固定於前片上邊入2.5cm或3cm中央位置。至此，完成本體前片一整片。

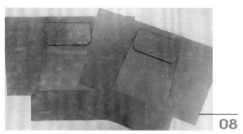

08

同法，後片車縫固定外口袋和袋蓋，成為本體後片一整片。

（四）表袋身的製作

01

本體前後片正面相對，車縫下邊，車縫縫份1cm。

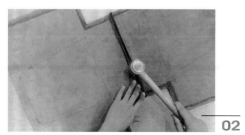

02

縫份攤開，先以槌子輕敲。

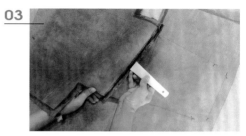

03

在縫份上和完成線外1cm的範圍裡上膠。

04

將攤開的縫份黏貼固定。

05

翻至正面，壓車，成為本體一整片。

06

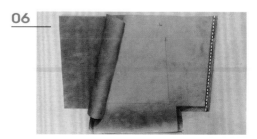

再往上對折，右邊對齊縫合。

縫份攤開黏貼固定。

同法，縫合左邊，縫份攤開黏貼固定。

縫合底角，車縫縫份1cm。

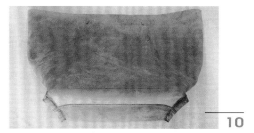

兩側底角縫合完成。

將底角縫份修掉約0.5cm寬。

全體翻回正面。以上，完成表袋身。

（五）裡袋身的製作

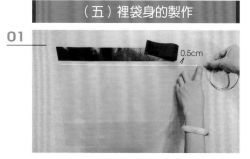

前裡貼邊兩端先削薄寬約1.5cm，前裡布上邊入1cm畫一道完成線。前裡布上邊貼上雙面膠帶，注意黏貼的位置，約距完成線外0.5cm處，避免妨礙到稍後的車縫。

撕除雙面膠帶的背紙，將貼邊下邊對齊裡布上邊的完成線，黏貼好，壓車一道臨邊線固定。

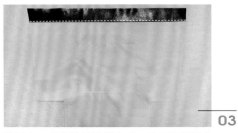

03

前裡布＋前裡貼邊接縫完成，依喜好縫製內裡口袋。

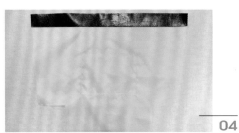

04

同法，後裡布＋後裡貼邊接縫完成，依喜好縫製內裡口袋。

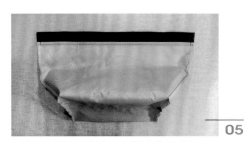

05

再參照表袋身的製作，車縫完成裡袋身。

06

貼邊兩側的縫份需攤開黏點固定。以上，完成裡袋身。

（六）長提把的製作

01

取長提把皮一條，先於肉面層貼上補強帶。

02
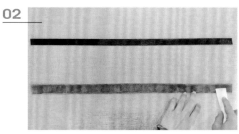

另取一條粗裁的提把皮。以上二條均勻上膠。

03

二條置中貼合。

04

用滾輪壓平黏牢。

小心裁掉兩側多餘的部份。

兩端多餘的部份也要裁切掉。

並且用圓斬修圓。

周圍壓車臨邊線。

上填縫劑。

填縫劑乾後再重覆打磨上邊油。

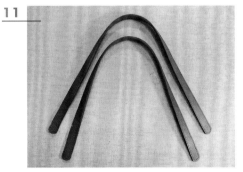

同法,共需完成二條長提把。

(七)短提把的製作

二片提把皮之間需夾貼一層椰皮。

02

黏貼完成後，兩端用圓斬修圓。

03

接下來，參照步驟（六）08～10共需完成
二條短提把。

（八）提把連接片的製作

01

提把連接片兩端削薄約3cm寬。

02

肉面層貼上等長的補強帶；邊緣上邊油。

03

上膠（中間段約3cm不上膠），將皮片穿
入日型環，對折黏貼。

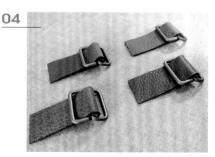

04

共需完成四組提把連接片。

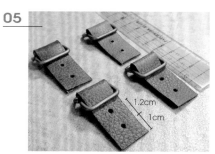

05

1.2cm
1cm

打鉚釘固定洞（端入1cm第一洞，第一洞
入1.2cm再打第二個洞）。

（九）表裡袋身的組合

01

裡袋上邊一整圈塗抹約0.3cm寬的強力膠。

02

表袋上邊一整圈塗抹約0.3cm寬的強力膠。

03

裡袋套入表袋內,反面相對,上邊貼齊。

04

袋口壓車臨邊線一整圈。

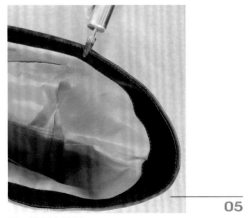

05

袋口邊緣上邊油。

06

以上,完成表裡袋身的組合。

(十)袋口皮片

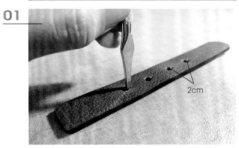

01

袋口皮片(長)的製作:二片對貼→一端修圓→一端打手縫孔→上邊油。打四至五個原子釦入洞(洞與洞的間距約2cm),並且在洞口一側的中央位置用平斬打一個小開口。

02

袋口皮片(短)的製作:二片對貼→兩端打手縫孔→上邊油。於中心點打洞,鎖上原子釦。

03

手縫袋口皮片(短)於前袋口裡側中央位置,以略為浮貼的狀態固定。

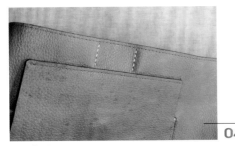

04

正面如圖。

05

手縫固定袋口皮片（長）於後袋口裡側中央位置。

（十一）提把的固定

01

鉚釘固定短提把於提把連接片上。

note1 長／短提把的固定方向和正反面。

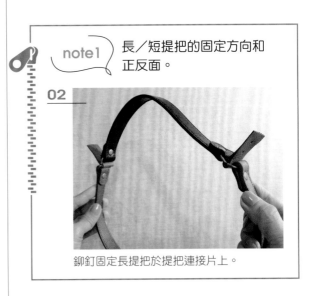

02

鉚釘固定長提把於提把連接片上。

03

依紙型標示位置在前／後袋口分別打上八個鉚釘固定洞，將提把連接片夾好釘合。

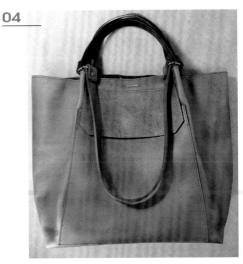

04

完成。

Part 3
牛皮
牛皮×防水布

全皮革的質感，細緻的設計，猶如名牌包般令人著迷不已。皮革與防水布結合，讓包款色彩更豐富，外出絕不會撞包。

全
皮
版
秘
書
包

※ 植
鞣
皮
革
製
作 ※

Secretary

 工具

研磨片（砂紙）、膠板、大理石、削邊器、間距規、菱斬、橡膠槌、圓錐（目打）、
染料、床面處理劑、帆布、磨緣棒、美工刀、強力膠、上膠片、菱錐、縫針、縫線、
削邊器、半圓斬、丸斬、皮帶斬、裁皮刀、雙面膠帶、珠針、長尾夾、U形挖溝器。

皮革裁片

【以下尺寸已含縫份】

前片包身：依紙型，一片

後片包身：依紙型，一片

包身上片：依紙型，共二片

包底：裁28×8cm，一片

包檔：依紙型，共二片

拉鍊口皮片：24×3cm，共二片

提把：裁45×3.5cm，共二條

提把飾帶：裁24×2cm，共二條

拉鍊尾皮片：裁3×4cm，一片

配件

寬2cm日型環×2個、塑膠管長約31cm×2條、8×6mm鉚釘×2組（提把飾帶用）、
8×8mm鉚釘×2組（包檔用）、拉鍊長35cm×1條。

特色重點：提把處設計猶如精品包般細緻，米白色手縫線縫製，將線條刻畫的更鮮明，兩側運用鉚釘讓袋型向外延伸，形成有特色又美型的皮製包款。

完成尺寸：寬26cm×高21cm×底寬11cm

（一）包身上片的製作

01

先用研磨片打磨毛邊。

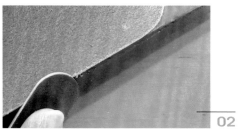

02

像這樣將皮革放在膠板或大理石上方，微斜打磨肉面層邊緣，使毛邊呈現出弧形。

03

同法，打磨皮面層邊緣，或者直接用削邊器推削毛邊的邊緣（倒角）亦可。

04

周圍使用間距規劃出3.5mm的縫線導引線。

05

（右側）上邊往下約1.35cm開始鑿縫孔。弧形邊彎曲的部份，使用雙菱斬打孔。

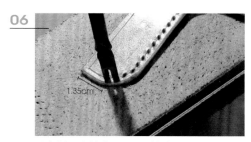

06

至左側距上邊約1.35cm停止。

07

上邊兩端使用目打（圓錐）鑽出縫孔。

08

上邊從中心點開始鑿縫孔。

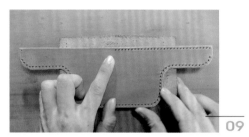

先打好右半邊的孔洞。

接著再進行左半邊。

完成如圖。

棉花棒沾取染料，均勻塗抹於毛邊。

待染料乾了之後，塗上床面處理劑。

再用帆布打磨拋光。

同法，處理好另一片表皮上片。

（二）包身前／後片

上邊做毛邊染色拋光。作法同步驟（一）12～14。

（三）前／後片包身＋包身上片

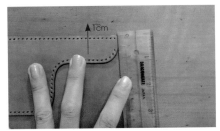

將上片置於前包身上方，注意置中以及兩端
對齊位置，用圓錐劃出位置記號線。

01

記號線內約0.5cm
寬的範圍刮粗。

02

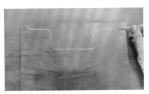

上膠。

03

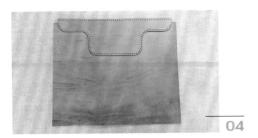

上片與前包身貼合。

04

05

用菱錐刺入上片的縫孔並刺穿前包身。

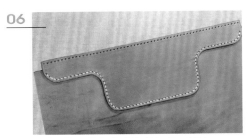

06

縫合上片和前包身成為前包身一整片。

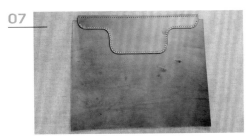

07

同法，另一片上片與後包身縫合，成為後包
身一整片。

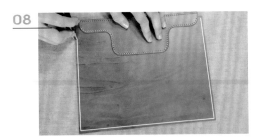

08

分別在前／後包身∪形邊劃出3.5mm的縫
線導引線。

09

前／後包身下邊準備鑿縫孔。先用菱斬於轉角處比對一下位置，將菱斬的第一齒與轉角的點對齊。

10

往左退一齒作為起縫點（即轉角點不打孔），開始進行打孔。

11

左側轉角點前一齒為止縫點，打孔結束。

12

包身前片下邊打孔完成。

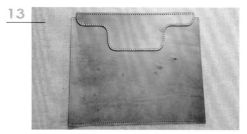

13

包身後片下邊打孔完成。

14

包底兩長邊的毛邊先進行染色拋光，接著鑿縫孔。

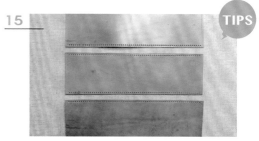

15

TIPS

這裡的洞距和孔數必須和前／後包身下邊的縫孔相同一致。

16

在包身下邊的縫孔上方不超過0.3cm的範圍內刮粗。

17

上膠。包底要貼合肉面層的部份也上膠。

18

貼合，圖示為前包身下邊與包底貼合。

19

縫合。

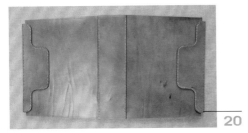

20

同法，包底另一邊與後包身下邊貼合並縫合。至此，完成本體一整片。

（四）提把飾帶的製作

01

提把飾帶兩側用削邊器修邊。

02

兩端再以半圓斬修圓。

03

周圍劃出3.5mm的縫線導引線後，以菱斬鑿出縫孔。

04

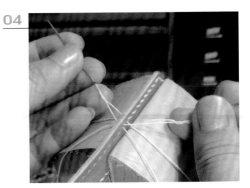

雙針縫。

05

於兩端入0.8cm處打鉚釘固定洞。

06

接著,毛邊染色拋光。共需完成二條提把飾帶。

（五）提把的製作

note1 距兩端約7cm不劃線不打孔;
兩側縫孔數務必對稱一致。

01

兩側先劃出3.5mm的縫線導引線,用菱斬打縫孔。

02

於兩端指定位置(端入1.5cm和兩側入1cm)以皮帶斬打洞。

03

修掉直角(1×1cm)。

04

端入4.5cm的範圍外劃好3.5mm的縫線導引線;轉角的點先以圓錐刺出縫孔。

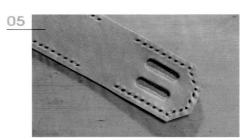

05

打好縫孔。

06

翻至肉面層,於中線貼上雙面膠帶,頭尾7cm不貼。

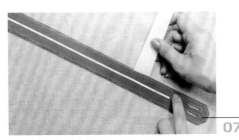
07

於兩側縫孔外上膠。

08

撕掉中線上的雙面膠背紙,貼上塑膠管,只需暫時黏貼即可。

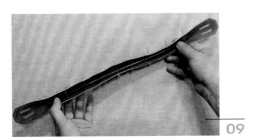
09

接下來,對折,每隔幾個縫孔就用珠針合一下對齊位置。

10

用長尾夾固定黏合。

11

縫合。

12

用砂紙打磨以磨平高低差。

13

用削邊器小心謹慎地修邊。

14

最後,毛邊染色拋光。共完成二條提把。

（六）包檔的製作

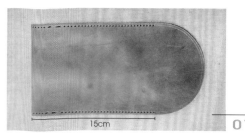

01

15cm

包檔U形邊劃3.5mm寬的縫線導引線，由上
邊開始往 下鑿縫孔約15cm停止。

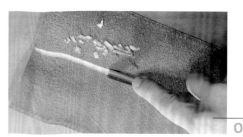

02

用U形挖溝器於肉面層上邊中線位置挖一道
長約7cm的溝槽。

03

上邊毛邊染色拋光。

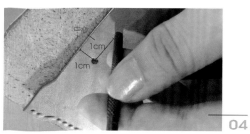

04

中線兩側打鉚釘固定洞（距中線1cm，距
上緣1cm）。

05

U形邊削薄0.5cm寬，削薄約原有厚度的一
半。

06

（正面）　　　（背面）

同法，共完成二片包檔。

（七）裡袋身的製作

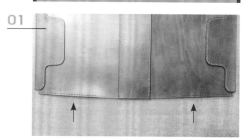

01

前／後包身側先打縫孔，這裡的縫孔孔數和
孔距必須和步驟（六）01相同。

02

接著將包底和包底兩旁打縫孔。於此同時，
包檔下半部U形邊也要打好相同孔數的縫
孔。

03

注意這個部份，交集點和段差旁的縫孔不要用菱斬鑿孔，而是用圓錐刺穿。

（八）提把和前／後包身的組合

01

取一條提把，置於後包身指定位置，用圓錐劃出黏貼範圍的記號線。

02

記號線內用美工刀刀背刮粗。

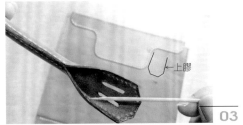

上膠

03

提把端上膠，少許塗抹在邊緣即可；包身上刮粗的部份也要上膠。

04

小心謹慎地黏合，要避免超出黏貼範圍。

05

確實黏緊後，用菱錐刺穿包身上的縫孔。

06

起縫點旁用圓錐在包身上鑽一個縫孔以便做繞縫。

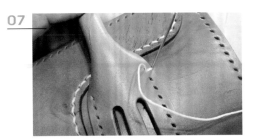

07

如圖，繞縫二次。

08

接著繼續縫合。止縫點旁也需鑽孔並做繞縫。

09

同法,縫合提把另一端於包身。

10

取一條提把飾帶穿入提把一端。

11

再將飾帶穿入日型環。

12

最後,穿入提把另一端,並用鉚釘固定。

13

同法,縫合第二組提把和飾帶固定於前包身。

(九)包身和包檔的組合

01

包身側上膠。

02

包檔∪形邊上膠。

03

黏合包身側與包檔∪形邊，注意縫孔對應和對齊。先用珠針對齊縫孔，再用長尾夾輔助加壓固定。

04

接著縫合。起針從第一個縫孔開始，先往上繞縫二次。

05

縫到包底段差處也要做繞縫。

06

一側縫合完成。

07

同法，包身另一側與另一片包檔縫合。

08

包檔順著挖好的溝槽對折，以鉚釘固定。

09

本體完成。

10

反覆打磨，仔細處理包身和包檔的高低差使平整。

毛邊染色拋光。

（十）袋口拉鍊的製作

拉鍊口皮片的上下邊劃出縫線導引線，四個端點以圓錐鑽出縫孔，接著從中央處開始用菱斬鑿縫孔。圖示皮片這一邊的縫孔孔數和間距必須和對應的包身上片相同一致。

皮片另一邊（與拉鍊縫合的那一邊）也先打好縫孔。

拉鍊頭端布反折黏合。

再對角折並黏貼好。

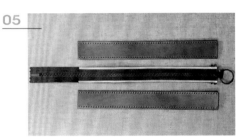

皮片四周的毛邊先做好染色和拋光。拉鍊正面朝上，比對一下和皮片貼合的長度位置，於兩邊貼上雙面膠帶。

撕掉雙面膠帶的背紙，貼合皮片和拉鍊。

雙針縫合。

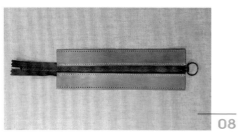

08

拉鍊和皮片縫合完成。

09

準備貼合拉鍊口皮片和包身上片。皮片先上膠。

10

包身上片的裡側也上膠。

11

貼合拉鍊口皮片和包身上片，注意兩端對齊且縫孔對齊。

12

從一端開始縫合，起縫點要往前繞縫二次。

13

結束時止縫點也要繞縫二次。

14

拉鍊口皮片與包身上片貼合縫合完成。

（十一）拉鍊尾皮片

01

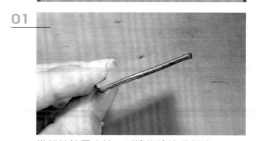

備好拉鍊尾皮片，毛邊修邊染色拋光。

02

鑿好四邊的縫孔。

03

拉鍊尾布兩面均塗上強力膠。皮片肉面層也
塗上強力膠，避開縫孔處。

04

皮片對折包覆黏貼拉鍊尾布並縫合。

05

完成。

完成尺寸：寬33cm×高36cm×底寬9cm

率性學院後背包 ※全皮革製作※ College

工具
裁皮刀、強力膠、上膠片、滾輪、丸斬、鉻鞣用床面處理劑、燙邊器、研磨片（砂紙）、丸斬、美工刀、雙面膠帶、橡膠槌、磨緣棒。

裁片
【以下尺寸已含縫份】
表前片：依紙型，一片
表後片：依紙型，一片
前口袋：共二片
前口袋夾角的皮墊片：粗裁1.5×3.5cm，共四片
前口袋袋蓋：先粗裁15.5×8.5cm，共四片，詳作法
拉鍊口皮片S：裁43×4.5cm，一片
拉鍊口皮片L：裁43×7.5cm，一片
表側邊：裁76×11cm，一片
後背固定大皮片：一片4×8cm，一片粗裁，詳作法
後背固定小皮片：3×6cm，共二片
提把皮片B：17×6cm，一片
提把皮片F：17×2cm，一片
側邊D環皮片：2.5×4cm，共二片

配件
四合釦×2組、拉鍊40cm一條、3cm寬織帶長約170cm一條（後背帶用）、3cm寬問號鉤×2個（後背帶用）、3cm寬日型環×2個（後背帶用）、3cm寬三角勾環×2個（後背固定小皮片用）、8×8mm鉚釘×4組（後背固定大小皮片用）、2.5cm寬D型環×2個（側邊D環皮片用）、8×8mm鉚釘×2組（側邊D環皮片用）、8×10mm鉚釘×2組（提把用）。

特色重點：
前方有兩個立體的袋蓋式口
袋；後背包用皮革來製作，
包型更挺，負重效果更佳。

（一）前口袋的製作

上邊先削薄2cm寬。兩端角落再削得更薄一些。

於上邊入2cm先劃一道記號線。記號線外上膠，再往下折入1cm。

用滾輪壓實黏平。

TIPS

取皮墊片，削薄成大約0.5cm厚度。

夾角兩側和皮墊片先上膠，夾角一側對齊皮墊片的中線黏貼。

再將夾角另一側貼過來，注意併攏貼齊。

貼好（背面）如圖。

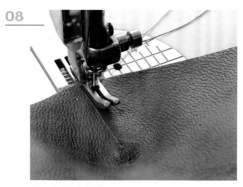

從正面壓車縫合。

09

裁掉皮墊片外露多餘的部份。

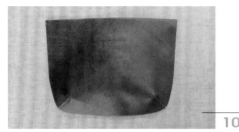
10

同法，處理好另一邊的夾角。

11

上邊壓車一道直線。

12

2.5cm

上邊入2.5cm中央處釘上四合釦的公釦。

13

U形邊的毛邊均勻塗抹（鉻鞣用）床面處理劑。

14

接著用燙邊器燙邊使毛邊緊實不毛燥。

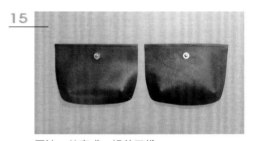
15

同法，共完成二組前口袋。

（二）袋蓋的製作

01

粗裁袋蓋15.5×8.5cm，共需四片。二片為一組，先在周圍上膠約1cm寬。

接著將二片對貼。

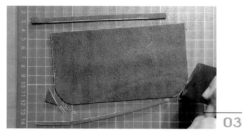

依紙型裁切為正確尺寸。

圓弧邊需要磨整一下。

∪形邊壓車臨邊線。

毛邊均勻塗抹（鉻鞣用）床面處理劑。

接著用燙邊器燙過使毛邊緊實不毛燥。

下邊入1.5cm中央處釘上四合釦的母釦。

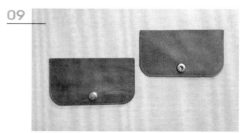

同法，共完成二組袋蓋。

（三）本體前片的製作

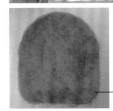

表前片的周圍削薄約
0.7cm寬。

01

02

依表前片紙型標示的前口袋位置，用美工刀
刀背刮粗口袋∪形邊的內緣約3mm寬。

03

前口袋與表前片對應的黏貼位置均上膠。

04

仔細對齊貼合。

05

壓車固定口袋∪形邊。

06

同法，共完成固定二組前口袋。

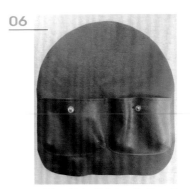

3cm

07

袋蓋（反面）上邊刮粗約3mm寬。表前片
上也需刮粗相同長度的範圍，位置約為口袋
口往上3cm處。

08

兩組袋蓋貼合並壓車固定。

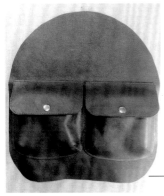

至此，完成
本體前片。

09

（四）本體後片的製作

01

後背固定大皮片需二片對貼，所以一片裁
4×8cm，另一片粗裁即可。二片上膠之後
對貼。

02

裁切周圍多餘的部份。

TIPS

03

取一個圓形物體，在皮片兩端角落畫出圓
弧。

04

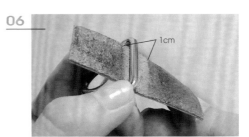

裁切修成圓角。

05

同前作法處理毛邊，上床面處理劑並燙邊。

06

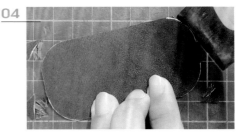

1cm

接下來製作小皮片。小皮片上膠（中央約
1cm寬不上膠），穿入三角勾環。

07

皮片對折對齊貼好。

08

毛邊塗抹床面處理劑並燙邊。共需完成二組
小皮片。

09

取出表後片，表後片周圍削薄約0.7cm寬。

10

大皮片兩端貼上雙面膠帶。要注意膠帶黏貼
的位置，車縫時不可車縫到膠帶。

11

將大皮片浮貼在表後片適當位置，約表後片
上邊入2cm中央處。以後背織帶加上日型
環的厚度，大約衡量一下浮貼的程度。

12

車縫固定大皮片。

13

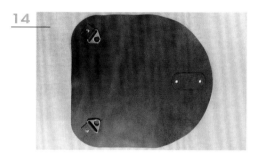

再來車縫固定小皮片，位置大約於表後片下
邊左右兩側角落的對角線上，注意位置不要
妨礙到後續全體組合車縫的進行。

14

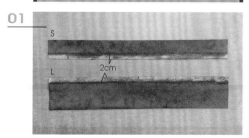

分別釘上8×8mm的鉚釘來補強牢固大小皮
片。以上，完成本體後片。

（五）拉鍊口皮片的製作

01

拉鍊口皮片L和S，分別取一長邊先削薄2cm
寬，並且兩端角落再削得更薄一些。

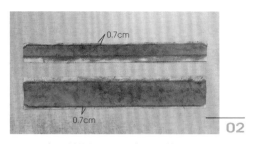

0.7cm

0.7cm

02

另一長邊則削薄約0.7cm寬，角落也要再削
得更薄一些。

03

以皮片L為例，在削薄2cm的邊入2cm處先
劃一道記號線。

04

記號線外上膠。

05

並折入1cm。

06

用滾輪壓實黏平。

07

同法，折黏皮片S，折份也可以用槌子輕敲
使貼平。

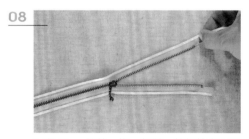

08

取長40cm拉鍊一條，如圖，於拉鍊布兩側
黏貼雙面膠帶。

09

TIPS

接著，在一邊的拉鍊布先貼上皮片L。皮片
邊的折線對齊拉鍊布上的第一道織紋。

10

壓車臨邊線縫合皮片和拉鍊。

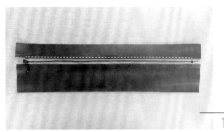

11

同法，拉鍊另一邊和皮片S縫合固定。以上，完成拉鍊口皮片。

（六）表側身的製作

0.7cm

01

表側邊兩長邊先削薄約0.7cm寬。兩端削薄2cm寬並上膠，再折入1cm，如圖。

1.5cm

02

在步驟（五）完成的拉鍊口皮片兩端入1.5cm處分別劃一道記號線。

03

在拉鍊口皮片一端的記號線外貼上雙面膠帶，接著和表側邊一端（折份處）貼合。

04

壓車一或二道直線縫合固定。

05

同法，拉鍊口皮片另一端和表側邊另一端壓車縫合，完成表側身成一輪狀。

（七）全體的組合

01

TIPS

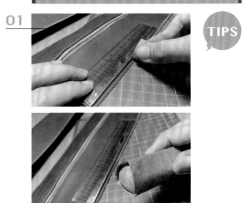

刮粗步驟（六）完成的側身表皮的兩側，刮粗範圍約3mm寬。可以用美工刀刀背，或用砂紙來打磨進行刮粗。將磨緣棒（或另準備一小木塊）用砂紙包覆起來，好握好施力好打磨。

本體前片的周圍
也需刮粗，刮粗
範圍約3mm寬。

02

在前述刮粗的位置上膠。

03

表側身和本體前片正面相對貼合，注意邊緣
仔細對齊。

04

對齊好縫合，車縫縫份為0.5cm。

05

縫合完成如圖。

06

07

同法，表側身另一邊和本體後片正面相對縫
合。記得車縫前拉鍊要先打開。

08

全體縫合完成。

09

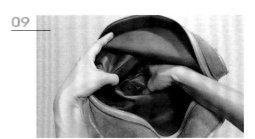

由拉鍊開口翻回正面。

（八）提把的製作

01

於提把皮片B反面畫出中線，全面上膠，兩長邊往中線折併攏，貼好。

02

提把皮片F（可以裁稍長一些），先處理好兩長邊的毛邊。

03

B和F要對貼。B反面先刮粗再上膠，F肉面層上膠。

裁切

04

置中對齊貼合。再將F兩端多餘超出的部份裁切掉即可。

05

兩端毛邊塗上床面處理劑並燙過。

06

沿著F周圍壓車臨邊線，完成提把。

07

12cm

將完成的提把以8×10mm鉚釘固定於拉鍊口皮片L上，注意置中，提把端兩顆鉚釘的間距約為12cm。

（九）側邊D環皮片

01

作法同後背固定小皮片。

02

以鉚釘固定於側身適當位置（拉鍊兩端旁）。

（十）後背帶的製作

01

織帶一端先穿入日型環，再穿入問號鉤。

02

往回穿入日型環。

03

折二折車縫二道線固定。

04

同法，處理織帶另一端。最後將完成的後背帶穿入後背大皮片，兩端再勾上小皮片三角勾環，完成。

完成尺寸：28寬cm×高20cm×底寬15.5cm

輕甜輕便包

✄ 防水布 × 皮革結合 ✄

Casual

 工具

裁皮刀、強力膠、上膠片、橡膠槌、大理石、滾輪、美工刀、尖嘴鉗、邊油、邊油筆
（竹籤）、砂紙、圓錐（目打）、丸斬、雙面膠帶、長尾夾、骨筆。

裁片

【以下尺寸已含縫份】

表布A和表布A'_防水布：裁41×22cm，共二片

側口袋_NAPPA牛皮：依紙型，共二片

書包釦墊片遮蓋皮：依紙型（至少削薄至皮料原始厚度的一半），共二片

側口袋袋蓋表_NAPPA牛皮：依紙型，共二片

側口袋袋蓋裡_NAPPA牛皮：依紙型，共二片

表皮底：先粗裁29×18.5cm一片，與椰皮對貼後再依紙型裁切

（表皮底貼）椰皮：粗裁29×18.5cm，一片

提把_NAPPA牛皮：粗裁6×30cm，共二片

拉鍊口布_防水布：裁30×9cm，共二片

前／後裡貼邊_防水布：裁41×5cm，共二片

前／後裡布：裁41×19cm，共二片

裡布底：依紙型，一片

掛耳_NAPPA牛皮：裁2×9cm，共二片

拉鍊尾皮片：裁3×4cm，一片

配件

拉鍊35cm×1條、書包釦×2組、8×8mm鉚釘×4組（掛耳用）。

特色重點：
兩側設計與側身等寬的插扣
式立體口袋，在外型上也有
加分的效果，輕鬆好提，是
不可或缺的包款之一。

（一）處理側口袋

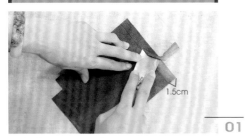

上邊削薄約1.5cm寬。 **01**

在1.5cm的範圍內上膠並往下折約0.7cm黏貼固定。 **02**

用槌子輕敲或用滾輪壓滾折份。 **03**

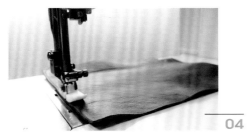

再壓車一道臨邊線。 **04**

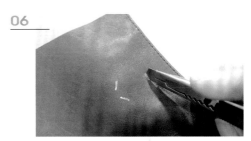

05

安裝書包釦。先找出書包釦欲安裝的位置，於上邊入1.5cm中央處放上書包釦的墊片，如圖，標記出三道記號線。

06

用一字斬或用刀片割開記號線。

07

將插釦座插進割開的洞。

08

背面則套上墊片，用尖嘴鉗將插腳折好壓緊。

09

準備墊片遮蓋皮，並上膠；墊片外圍0.7cm
寬的範圍內也上膠。

10

貼合。

11

除了上下邊之外，其它邊均上邊油。

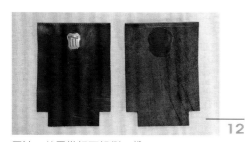

12

同法，共需備好兩組側口袋。

（二）側口袋袋蓋的製作

01

取側口袋袋蓋表／裡皮各一片，U形邊對齊
貼合。

02

用砂紙磨整邊緣。

03

U形邊壓車臨邊線。

04

上邊油。

在下邊中央處卡上插鈕以標示出打洞記號。

取下插鈕，打洞，再裝回插鈕，如圖夾好。

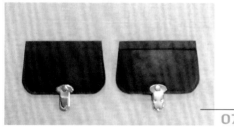

以鉚釘固定插鈕，同法，共需完成二組袋蓋。

（三）本體表布的製作

先縫製表布A'。側口袋正面朝下，對齊表布A'中央適當位置（下邊入2.5cm），車縫固定，車縫縫份為0.5cm。

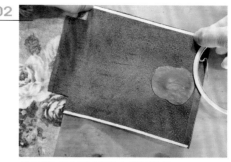

於口袋反面兩側邊貼上雙面膠帶。

口袋往上翻，先黏貼固定口袋左側，固定位置如圖所示（左邊往內15cm，底部往上2cm）。

車縫一道直線，車縫縫份0.5cm。

同法，黏貼固定口袋右側（右邊往內15cm，底部往上2cm），並車縫一道直線，車縫縫份0.5cm。

TIPS

建議均由口袋下邊開始起縫。

06

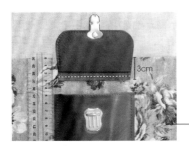

07

接下來固定袋蓋，袋蓋正面朝下，對齊表布A'中央適當位置（上邊入3cm），車縫固定，車縫縫份為0.5cm。

08

同法，車縫固定另一組側口袋和袋蓋於表布A。

（四）表袋底的製作

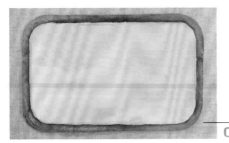

01

作法參照【P.77雙口袋肩背包_步驟（三）表底的製作】。周圍削薄約1.5cm寬。

（五）表袋身的製作

01

表布A和表布A'正面相對，車縫左右兩側。

02

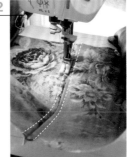

縫份攤開並壓車。

03

於表布A和表布A'下邊縫份內貼上雙面膠帶。

04

再和表皮底正面相對縫合，車縫縫份1cm。

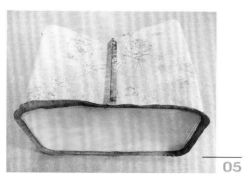

至此，完成表袋身。

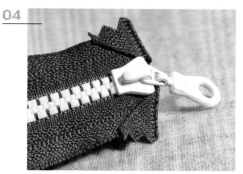

準備長35cm拉鍊一條，拉鍊頭端布反折再
對角折並貼好。

（六）拉鍊口布的製作

1cm

口布對折，一長邊多出1cm，車縫左右兩
邊。

在拉鍊布邊貼上與口布等長的雙面膠帶。

翻回正面，用骨筆壓整形狀。

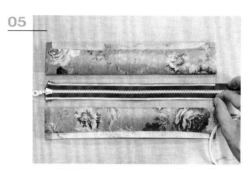

拉鍊貼上口
布，壓車臨
邊線縫合固
定。

共完成二片口布。

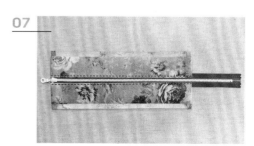

同法，拉鍊另一邊和另一片口布縫合固定。
以上完成拉鍊口布。

（七）裡袋身的製作

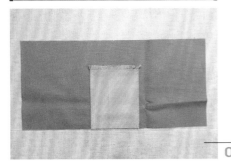

01

前裡布依喜好縫製內裡口袋。

02

後裡布依喜好縫製內裡口袋。

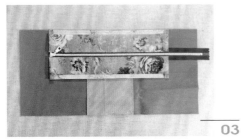

03

拉鍊口布正面朝上，先粗縫在前裡布上邊中央位置。

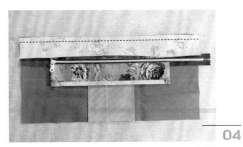

04

接著取前裡貼邊，前裡貼邊（正面朝下）對齊前裡布上邊，夾車拉鍊口布。

05

貼邊和口布往上翻，縫份倒向下，前裡布上壓車一道直線；口布上也需壓車一道直線。

06

同法，將拉鍊口布另一邊粗縫於後裡布上邊中央位置。

07

後裡貼邊和後裡布夾車拉鍊口布。

08

貼邊和口布往上翻，縫份倒向下，後裡布和口布上分別壓車一道直線。

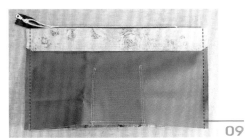

09

前後裡布正面相對，車縫左右兩側。

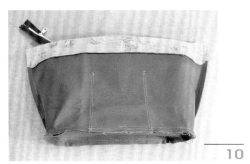

10

下邊和裡布底正面相對縫合。至此，完成裡袋身。

（八）提把的製作

01

於提把肉面層畫出中線，全面上膠，兩長邊往中線折，併攏靠齊貼好。

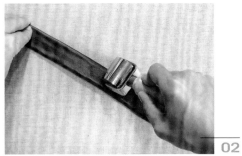

02

用滾輪小心壓整，注意力道適中即可。

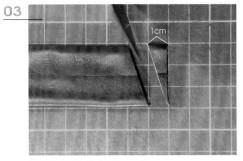

03

兩端裁切斜角（寬1cm）。

04

中線兩旁分別壓車一道直線。

05

共需完成二條提把。

（九）掛耳的製作

01

掛耳肉面層全面上膠，並對折黏合。

壓車一道臨邊線。

磨整並上邊油。

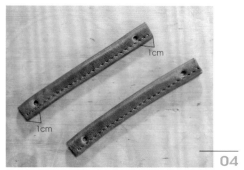

共需完成二個掛耳，兩端入1cm打上鉚釘固定洞。

（十）全體的組合

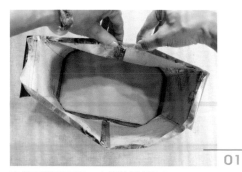

表袋身翻回正面，上邊往裡折入1cm。

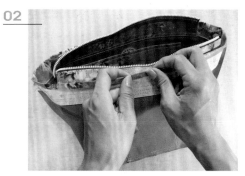

裡袋身上邊也往下折1cm。

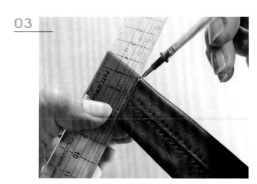

在提把端入2.5cm處畫上對齊記號。

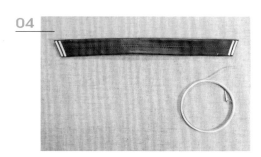

兩端貼上雙面膠帶。

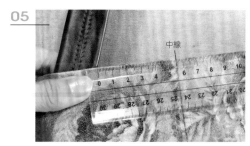

準備固定提把。提把內緣約距袋身中線5.5cm。

06

提把端上的對齊記號需與袋口上緣折痕齊，
如圖，車縫一道直線（上邊入1cm）。

07

袋身正面的提把車縫固定完成。

08

同法，車縫固定袋身背面的提把。

09

在表袋身袋口內側一整圈貼上雙面膠帶。

10

裡袋套入表袋內，上邊折痕對齊，
壓車臨邊線一整圈。

11

袋口側邊釘上掛耳（從表側看）。

12

（從裡側看）。

13

拉鍊尾端以皮片包覆貼合。完成。

國家圖書館出版品預行編目（CIP）資料

職人精選手工皮革包 ／ LuLu彩繪拼布巴比倫作. -- 初版.
-- 新北市：飛天手作, 2019.06
　面；　公分. -- (玩布生活；27)
ISBN 978-986-96654-4-5(平裝)

1.皮革 2.手提袋 3.手工藝

426.65　　　　　　　　　　　　　　108007733

玩布生活27

職人精選手工皮革包

作　　　者／LuLu彩繪拼布巴比倫
總 編 輯 ／彭文富
編　　　輯／潘人鳳
攝　　　影／蕭維剛
美術設計／曾瓊慧
紙型繪圖／菩薩蠻數位文化有限公司

出版者／飛天手作興業有限公司
地址／新北市中和區中正路872號6樓之2
電話／(02)2222-2260．傳真／(02)2222-1270
廣告專線／(02)22227270．分機12 邱小姐
教學購物網／http://www.cottonlife.com
Facebook／https://www.facebook.com/cottonlife.club
E-mail／cottonlife.service@gmail.com
■發行人／彭文富
■劃撥帳號／50381548　■戶名／飛天手作興業有限公司
■總經銷／時報文化出版企業股份有限公司
■倉　　庫／桃園市龜山區萬壽路二段351號
初版／2019年7月
定價／420元（港幣：140元）
ISBN／978-986-96654-4-5